Der Kartenprofi

Beim Lesen und Verstehen von Karten hilft der Kartenprofi.
So lese ich eine Karte:

1. Schritt: Eine Karte hat ein bestimmtes Thema.

Der Kartentitel sagt mir bereits einiges über die Karte.
Ich lese den Kartentitel.

Was ist nach dem Kartentitel das Thema der Karte?

2. Schritt: Eine Karte hat eine Legende.

Die Legende hilft mir, die Karte besser zu verstehen.
Ich suche die Legende der Karte und ihre einzelnen Punkte.

Ich lese die Legende:
- Was bedeuten die Farben?
- Was bedeuten die Linien?
- Was bedeuten die Symbole?

3. Schritt: Eine Karte hat einen Maßstab.

Mit dem Maßstab kann ich Entfernungen in der Karte berechnen.

- Ich suche die Maßstabsangabe und notiere den Maßstab der Karte.
- Ich berechne mit dem Maßstab Entfernungen auf der Karte.
- Wie viele Kilometer entsprechen 1 cm auf der Karte?

4. Schritt: Ich habe mir die Karte genau angesehen.

Ich habe die Legende sorgfältig gelesen.

Jetzt kann ich aufschreiben, was die Karte zeigt:
- Was ist auf der Karte zu sehen?
- Was zeigen die einzelnen Punkte der Legende?
- Welche Informationen aus der Karte sind neu für mich?

Karte, Landwirtschaft in Baden-Württemberg

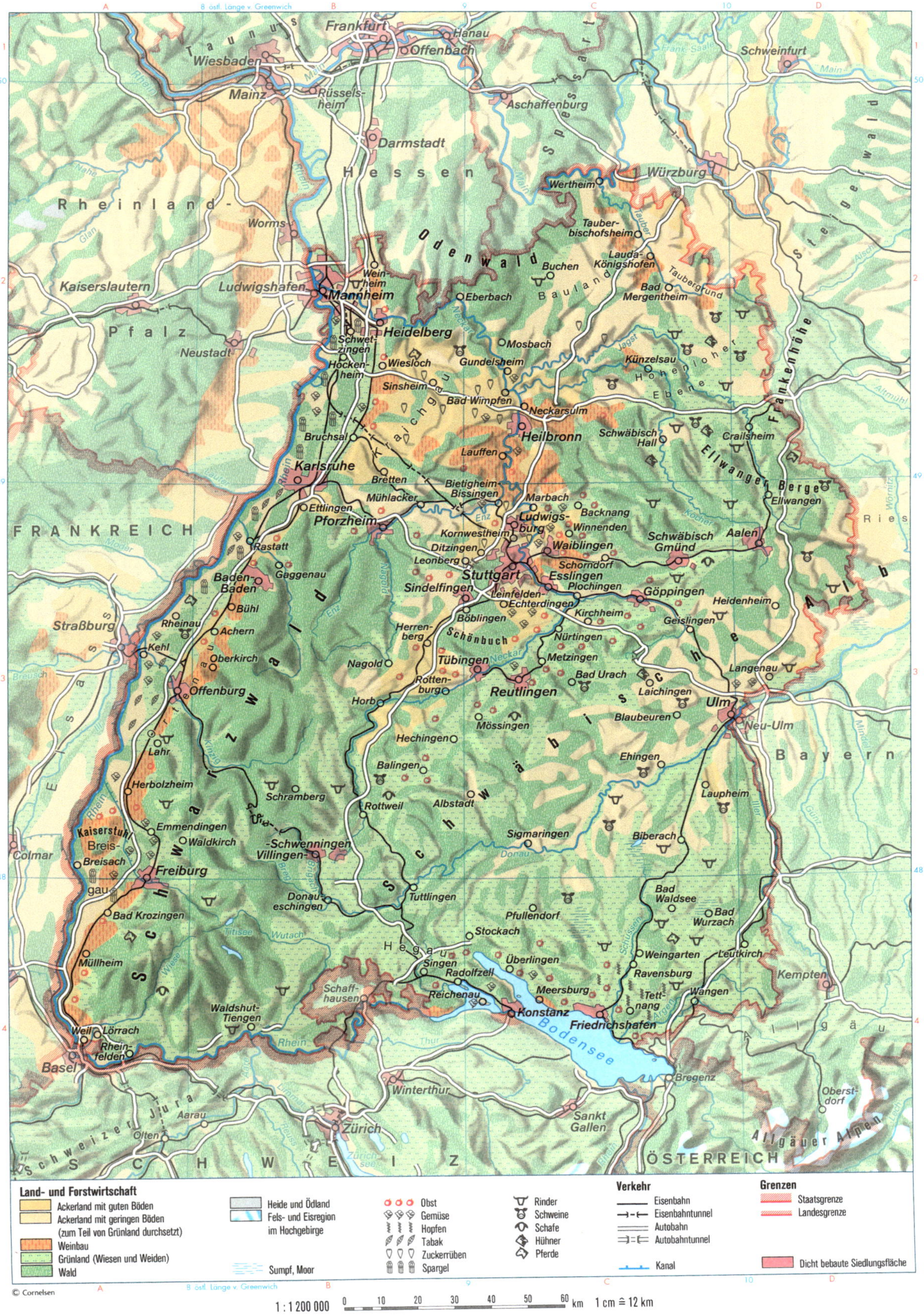

7|8

Menschen | Zeiten | Räume

Geographie

Differenzierende Ausgabe Baden-Württemberg

Herausgegeben von
Peter Brokemper
Dr. Elisabeth Köster
Dr. Dieter Potente

Erarbeitet von
Monika Adler-Schmid
Thorsten Bröckel
Peter Brokemper
Dr. Elisabeth Köster
Dr. Dieter Potente

mit Beiträgen von
Katrin Blaufuß
Alexander Figge
Peter Fischer
Martina Flath
Ute Mathesius-Wendt
Ellen Rudyk

Cornelsen

Inhaltsverzeichnis

Harbor
Terminals
SECOND RIGHT

Ein Rundgang durch das Buch

Liebe Schülerinnen, liebe Schüler,
wir möchten euch kurz die unterschiedlichen Seiten dieses Buches vorstellen.

Auftaktseiten
Jedes Kapitel startet mit einem großen Bild, das einen Schauplatz oder etwas Interessantes zum jeweiligen Thema zeigt. Ihr könnt Eindrücke sammeln und Vorwissen zusammentragen.

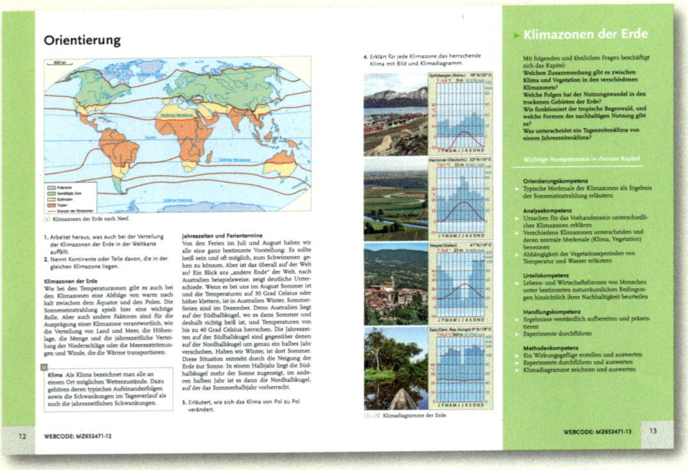

Orientierung
Hier könnt ihr euch einen zeitlichen und räumlichen Überblick verschaffen. Ihr erfahrt außerdem, welche Kompetenzen in dem folgenden Kapitel trainiert werden können.

Methode
Diese Seiten unterstützen euch Schritt für Schritt bei der Lösung bestimmter Aufgaben (Informationsbeschaffung, Rollenspiel, Kartenarbeit, Führung eines Interviews, Stadterkundung usw.).

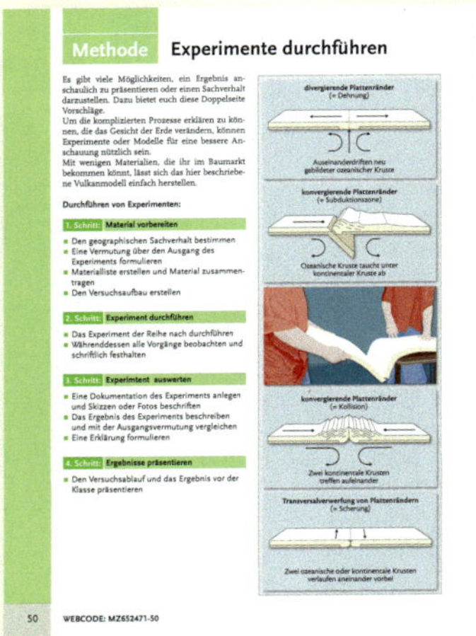

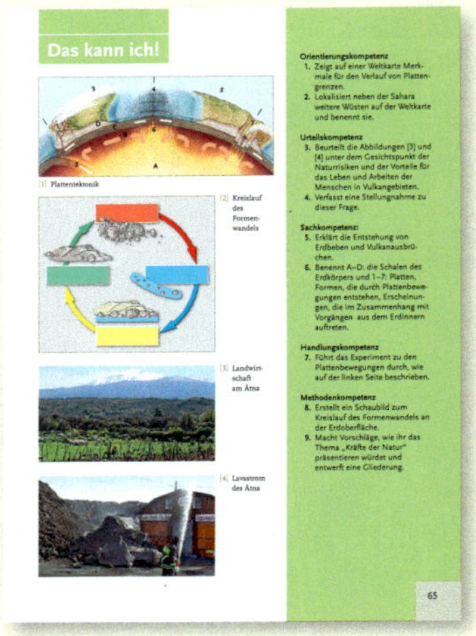

Das kann ich!
Jedes Kapitel endet mit einem „Kompetenz-Check“. Hier könnt ihr euer Wissen und Können testen und die neu erworbenen Kompetenzen anwenden.

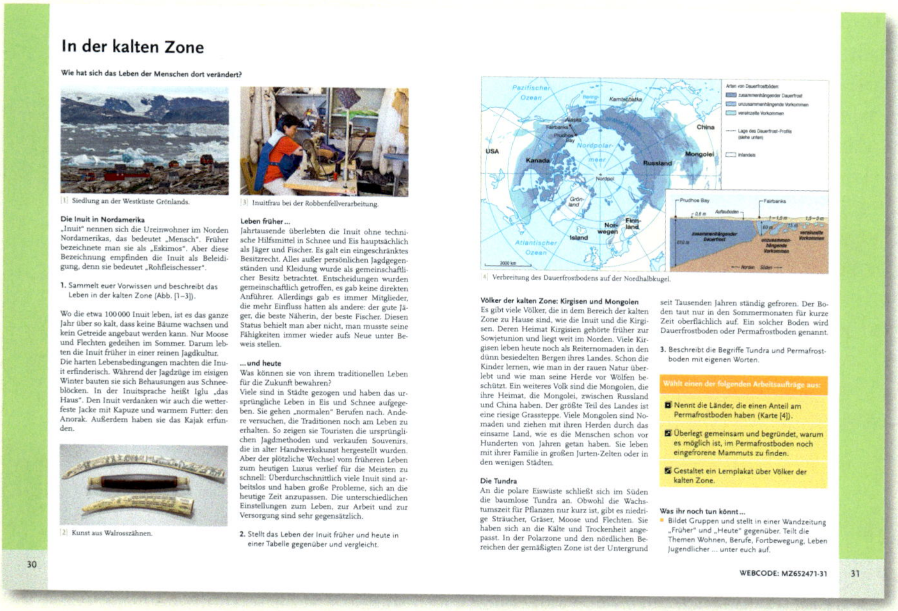

Themendoppelseiten

Oben auf der linken Seite findet ihr eine Leitfrage, worum es auf dieser Doppelseite geht. Fremdtexte (Quellen oder Texte aus anderen Materialien) werden mit einem grauen Balken markiert. Oft kommen in den Texten Begriffe vor, die näher erklärt werden müssen. Diese Begriffe sind mit einem Sternchen versehen und werden in einem Kasten ausführlich erklärt. Auf jeder Inhaltsseite findet ihr Bilder, Schaubilder oder Diagramme. Alle Materialien könnt ihr mithilfe der Aufgaben und Fragen erarbeiten. Mit den Webcodes könnt ihr im Internet weiterarbeiten.

Wählt einen der folgenden Arbeitsaufträge aus:

- ⚀ Arbeitet heraus, welchen Savannentypen die Klimadiagramme links zugeordnet werden können.
- ⚁ Vergleicht die Feuchtsavanne und die Trockensavanne schriftlich.
- ⚂ Erörtert in einem Kurzvortrag über den Regenfeldbau die Möglichkeiten der Bauern, sich und ihre Familien zu ernähren.

Differenzierungsangebot: Auf vielen Doppelseiten gibt es einen gelben Kasten mit Wahlaufgaben. Hier könnt ihr einen Arbeitsauftrag auswählen. Die Aufgaben mit ⚀ sind etwas leichter, mit ⚁ schwieriger und mit ⚂ am schwersten zu lösen. Außerdem findet ihr noch unter „Was ihr noch tun könnt …“ weiterführende Anregungen, wenn ihr euch mit dem Thema noch zusätzlich beschäftigen wollt. Wie ihr mit den **Wahlseiten** arbeiten könnt, findet ihr auf Seite 6–7.

Aktiv-Seiten

Hier findet ihr Ideen und Tipps, wenn ihr mit der Klasse ein Projekt zum Thema, eine Werkstatt-Arbeit oder mehrere „Miniprojekte“ durchführen möchtet. Auch für eure Portfolio-Arbeit findet ihr hier Anregungen.

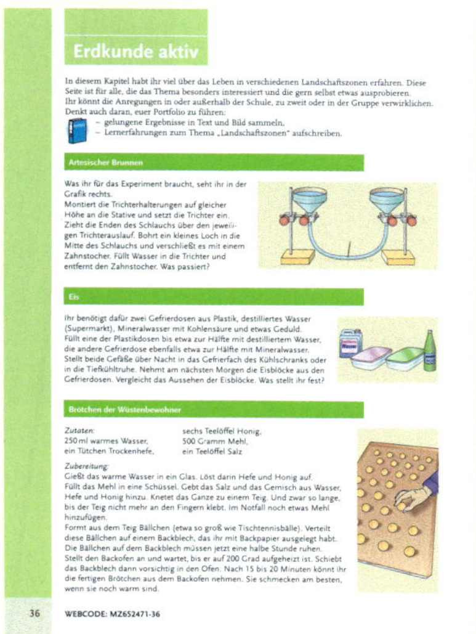

Methode Arbeiten mit den Wahlseiten

Welches Einzelthema interessiert euch?
In jedem Kapitel dieses Buches findet ihr **Wahlseiten.** Sie sollen von euch selbstständig bearbeitet werden: allein, mit einem Partner oder in Gruppenarbeit. Aber zunächst ohne Hilfe einer Lehrperson. Die Wahlseiten sind oben mit einem Würfel gekennzeichnet. Wahlseiten mit sind etwas leichter, Wahlseiten mit etwas schwieriger zu lösen.
Ihr findet auf diesen Seiten unten in dem gelben Balken Tipps für die Erarbeitung und für die Präsentation.

Bei der Arbeit mit den Wahlseiten könnt ihr so vorgehen:

1. Schritt: Thema auswählen

- Blättert die Seiten kurz durch und überlegt, welche Einzelseite euch am meisten interessiert. Wählt diese aus.

2. Schritt: Allein oder mit anderen arbeiten?

- Entscheidet, ob ihr in Gruppen- oder Partnerarbeit zusammenarbeiten wollt oder euch lieber alleine mit der Seite beschäftigt.

3. Schritt: Wichtigste Punkte herausarbeiten

- Betrachtet die Bilder und lest die Texte. Lasst euch von den Arbeitsvorschlägen anregen.
- Klärt offene Fragen, notiert die wichtigsten Inhaltspunkte.
- Notiert einen „Merksatz“ für die Klasse.
- Entscheidet, wie ihr der Klasse die Bilder zeigen wollt (Hinweis auf die Seite, auf der das Bild steht; eigene Zeichnungen; Folien für den Overhead-Projektor usw.).

4. Schritt: Ergebnisse vorstellen

- Entscheidet euch, wie ihr der Klasse eure Ergebnisse präsentieren wollt:
  - □ als kleinen Vortrag (Dauer 3–5 Minuten)
  - □ als erfundene Zeitungsreportage
  - □ als kurzes Theater- oder Rollenspiel
  - □ als Wandzeitung usw.

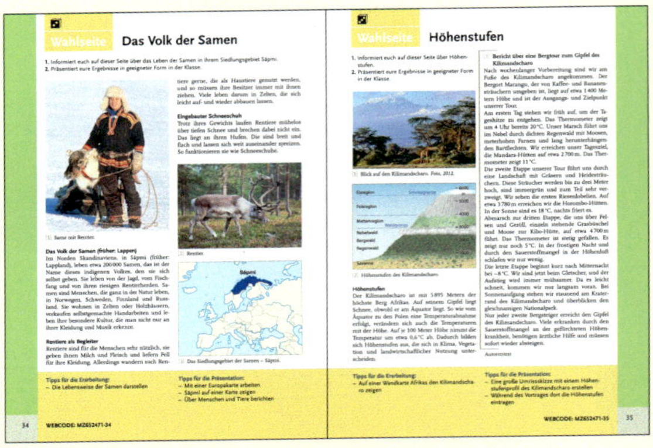

[1] Wahlseiten.

[2] Zwei Schüler lesen. *Foto.*

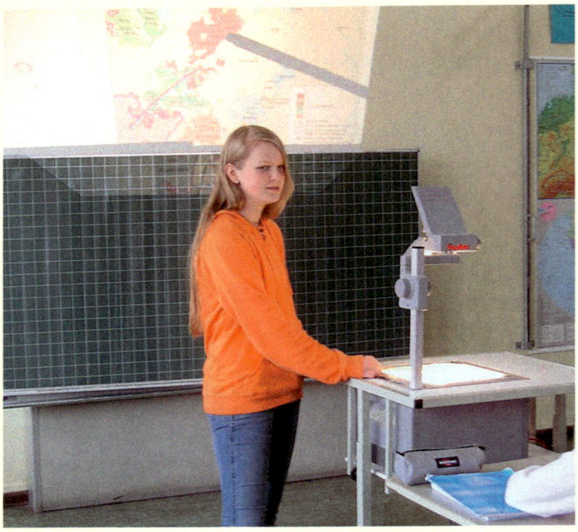

[3] Eine Schülerin präsentiert am Overhead-Projektor ihre Ergebnisse. *Foto.*

Arbeiten mit dem Textknacker

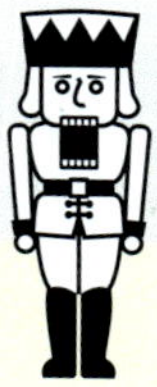

Die Wahlseiten mit ◘ beinhalten Texte, die ihr mit dem Textknacker erschließen könnt. Ihr könnt hier üben, die Schritte anzuwenden. Auch bei der Arbeit mit schwierigeren Sachtexten könnt ihr den Textknacker anwenden. Öffnet dazu die Umschlagklappe hinten im Buch. Wendet die Lesestrategie Schritt für Schritt an. Der Textknacker hilft euch, Texte zu lesen und zu verstehen.

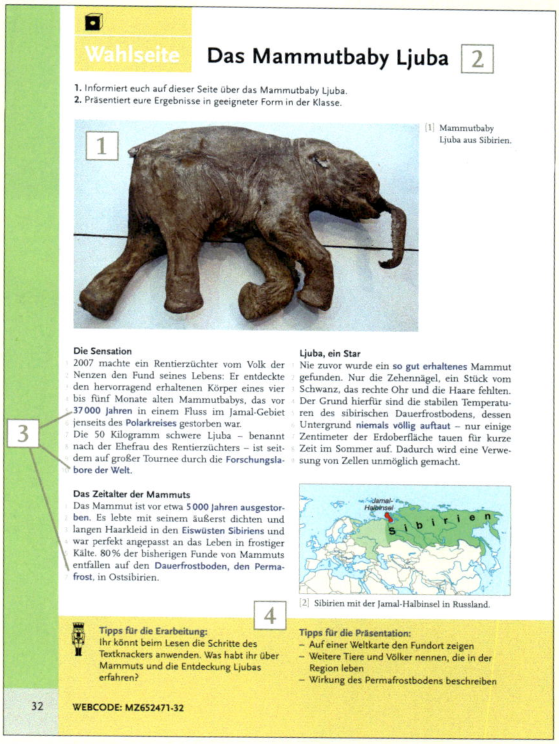

◘ Wahlseite

Das Mammutbaby Ljuba [2]

1. Informiert euch auf dieser Seite über das Mammutbaby Ljuba.
2. Präsentiert eure Ergebnisse in geeigneter Form in der Klasse.

[1]

[1] Mammutbaby Ljuba aus Sibirien.

[3]

Die Sensation

2007 machte ein Rentierzüchter vom Volk der Nenzen den Fund seines Lebens: Er entdeckte den hervorragend erhaltenen Körper eines vier bis fünf Monate alten Mammutbabys, das vor **37 000 Jahren** in einem Fluss im Jamal-Gebiet jenseits des **Polarkreises** gestorben war. Die 50 Kilogramm schwere Ljuba – benannt nach der Ehefrau des Rentierzüchters – ist seitdem auf großer Tournee durch die **Forschungslabore der Welt**.

Das Zeitalter der Mammuts

Das Mammut ist vor etwa **5 000 Jahren ausgestorben**. Es lebte mit seinem äußerst dichten und langen Haarkleid in den **Eiswüsten Sibiriens** und war perfekt angepasst an das Leben in frostiger Kälte. 80 % der bisherigen Funde von Mammuts entfallen auf den **Dauerfrostboden, den Permafrost**, in Ostsibirien.

Ljuba, ein Star

Nie zuvor wurde ein **so gut erhaltenes** Mammut gefunden. Nur die Zehennägel, ein Stück vom Schwanz, das rechte Ohr und die Haare fehlten. Der Grund hierfür sind die stabilen Temperaturen des sibirischen Dauerfrostbodens, dessen Untergrund **niemals völlig auftaut** – nur einige Zentimeter der Erdoberfläche tauen für kurze Zeit im Sommer auf. Dadurch wird eine Verwesung von Zellen unmöglich gemacht.

Jamal-Halbinsel
Sibirien

[2] Sibirien mit der Jamal-Halbinsel in Russland.

[4]

Tipps für die Erarbeitung:
Ihr könnt beim Lesen die Schritte des Textknackers anwenden. Was habt ihr über Mammuts und die Entdeckung Ljubas erfahren?

Tipps für die Präsentation:
– Auf einer Weltkarte den Fundort zeigen
– Weitere Tiere und Völker nennen, die in der Region leben
– Wirkung des Permafrostbodens beschreiben

32

WEBCODE: MZ652471-32

[1] Bilder

[2] Die Überschrift

[3] Schlüsselwörter

[4] Tipps in der gelben Leiste

1. Schritt: Vor dem Lesen

Bilder helfen mir, den Text besser zu verstehen.
Die Überschrift sagt mir etwas über den Text.

- Ich sehe mir die Bilder an.
- Ich lese die Überschrift.
- Worum könnte es in dem Text gehen?

2. Schritt: Das erste Lesen

Ein Text hat Absätze. Was in einem Absatz steht, gehört zusammen.
Die Schlüsselwörter im Text sind besonders wichtig.
Einige Wörter werden unter dem Text erklärt.

- Ich zähle die Absätze.
- Ich lese die hervorgehobenen Schlüsselwörter.
- Ich lese die Worterklärungen.
- Was weiß ich jetzt?

3. Schritt: Den Text genau lesen

Erst der ganze Text sagt mir, worum es geht.

- Ich lese den ganzen Text – Absatz für Absatz.
- Was habe ich erfahren?

4. Schritt: Nach dem Lesen

Ich habe den ganzen Text gelesen.

- Ich schreibe zu jedem Absatz etwas auf.
- Ich schreibe die wesentlichen Informationen auf.
- Ich schreibe auf, was für mich wichtig ist.

Klimazonen der Erde

Bei den Korowai

Es ist heiß und sehr schwül. Der Erdboden ist von Pfützen und Schlamm bedeckt, die Bäume tropfen, dichte graue Wolken hängen am Himmel. Es hat gerade drei Stunden lang geregnet. Jeder Besucher des tropischen Regenwaldes im Innern von West-Papua spürt sofort, warum der Regenwald seinen Namen trägt.

Dennoch leben in diesem Gebiet seit Jahrhunderten Menschen vom Stamm der Korowai. Manche haben Baumhäuser in bis zu 50 Metern Höhe über dem Erdboden errichtet.

1. Beschreibt die Bilder. Findet dann auf einer Weltkarte West-Papua.
2. Berichtet, was ihr bereits vom Leben im tropischen Regenwald gehört habt.

Schauplatz Leben im Regenwald

[1] Ein Baumhaus der Korowai. *Foto, 2009.*

1. Beschreibt Bild [1].

Ein Wohnsitz in den Bäumen

Hoch oben in den Bäumen hat das Volk der Korowai sein Lager aufgeschlagen. Die Menschen, die in den Regenwäldern von Papua leben, bauen Baumhäuser, die meist in Höhen von 6 bis 25 Metern errichtet werden. Bis zu 8 Personen leben hier in Familiengruppen zusammen. Die Korowai haben nur wenig persönlichen Besitz: Dinge, die sie für das tägliche Überleben im Regenwald brauchen. Dies sind zum Beispiel Steinaxt, Knochenmesser oder Grabstöcke.

2. Nennt Gründe, warum die Korowai wenig persönlichen Besitz haben.

Den Regenwald als Nahrungsquelle nutzen

Die Korowai versorgen sich mit und aus dem Regenwald. Die Männer sind meist Jäger, Frauen und Kinder eher Sammler und Bauern. Das wichtigste Werkzeug aller Jäger sind vergiftete Pfeile, die mit Bogen bzw. Blasrohren geschossen werden. Das Gift des Pfeilgiftfrosches oder der Curare, ein Pflanzengift, lähmt das Beutetier, ohne dem Menschen zu schaden, der es isst.

[2] Blauer Pfeilgiftfrosch.

Die Menschen müssen Hilfsmittel entwickeln, um an die Früchte und Honigwaben heranzukommen. So flechten sie Gurte, um besser auf die Bäume klettern zu können oder führen brennende Grasbüschel mit sich, deren Rauch sie vor den Bienen schützt.

Da große Tiere als Nahrung im Regenwald selten sind, muss auf andere eiweißreiche Nahrung zurückgegriffen werden, wie Insektenlarven oder Schnecken. Der Ackerbau ist mühselig und wenig ergiebig. Alle diese Nahrungsquellen reichen oft nicht zur Versorgung aus, deshalb ziehen sie in Abständen weiter.

Traditioneller Wanderfeldbau im tropischen Regenwald

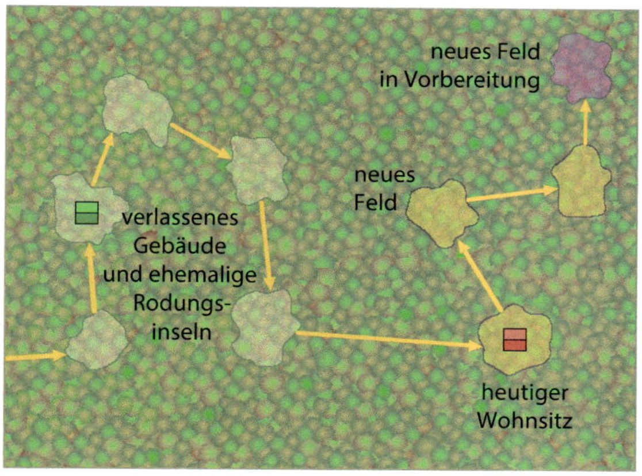

[3] Wanderfeldbau im tropischen Regenwald.

Um auf kleinen Flächen Ackerbau betreiben zu können, werden Waldstücke gerodet oder abgebrannt. Es werden aber nur die niedrigen Pflanzen beseitigt. Größere Bäume bleiben stehen. Sie halten die heiße Sonne und den starken Regen ab, der sonst die dünne Schicht fruchtbaren Bodens fortspülen würde. Mit Grabstöcken und Hacken werden verschiedene Nutzpflanzen wie Sago, Maniok, Yams, Bananen, Papaya und Mango angebaut. Diese dienen der Grundversorgung der Familie.
Nach drei bis fünf Jahren sind die Böden so ausgelaugt, dass die Ackerflächen aufgegeben werden. Da auch die Baumhäuser nach spätestens fünf Jahren verrottet sind, müssen die Menschen den Standort wechseln. Langsam erobert der Regenwald die von den Menschen genutzten Flächen zurück. Es dauert aber 20 Jahre, bis sich ein so genannter Sekundärwald entwickelt hat. Vielleicht kommen die Korowai in dieses Gebiet zurück, bauen ein neues Baumhaus und bepflanzen nach der Rodung dasselbe Waldstück erneut.

3. Erklärt mit eigenen Worten, wie die Korowai die täglichen Aufgaben untereinander aufteilen.

Kind sein im Regenwald
Die Kinder sind bei den Regewaldvölkern immer mit dabei: Schon als Babys am Rücken der Mütter beim Sammeln und Zubereiten der Nahrung. Die Jungen lernen das Bogenschießen von klein an und dürfen schon bald ihre Väter auf die Jagd begleiten. Da sich vielerorts die Kulturen verändert haben und die Völker auch in Kontakt mit weißen und städtischen Lebensweisen gekommen sind, werden auch Schulen errichtet. Dort lernen Kinder und Erwachsene nicht nur Lesen, Schreiben und Rechnen, sondern auch alles über die eigene Kultur und ihre Rechte kennen. Der Unterricht ist zweisprachig und wird von einheimischen Lehrern gegeben.

4. Erörtert die Vor- und Nachteile einer Kindheit im Regenwald.

[4] Kleine Kinder begleiten die Erwachsenen überall hin.

Wählt einen der folgenden Arbeitsaufträge aus:

- Beschreibt die Gründe, warum das Volk nicht sesshaft sein kann.
- Begründet, warum die Kinder die Erwachsenen ständig begleiten. Erstellt eine Stichwortliste.
- Bewertet den Alltag der Korowai. Schreibt einen Zeitungsbeitrag über das Leben der Korowai.

Was ihr noch tun könnt ...

- Plant einen Waldtag und baut euch eine eigene Behausung aus Naturmaterialien. Fotografiert alles und gestaltet eine Bilderwand im Klassenzimmer.

WEBCODE: MZ652471-011

Orientierung

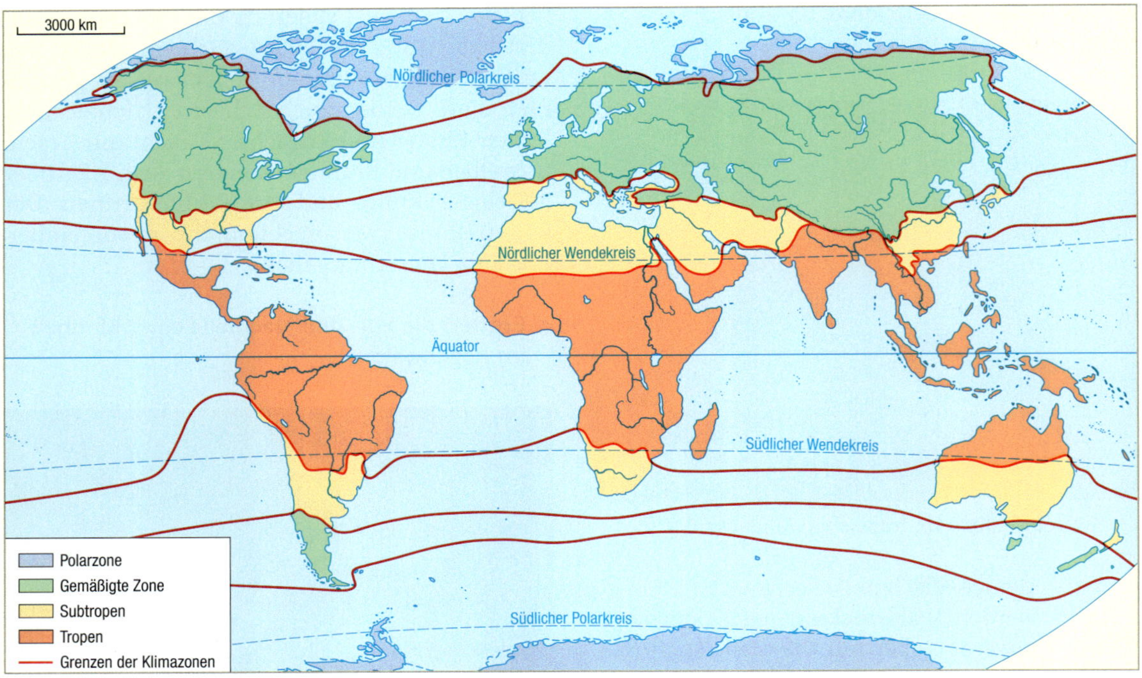

[1] Klimazonen der Erde nach Neef.

1. Arbeitet heraus, was euch bei der Verteilung der Klimazonen der Erde in der Weltkarte auffällt.
2. Nennt Kontinente oder Teile davon, die in der gleichen Klimazone liegen.

Klimazonen der Erde

Wie bei den Temperaturzonen gibt es auch bei den Klimazonen eine Abfolge von warm nach kalt zwischen dem Äquator und den Polen. Die Sonneneinstrahlung spielt hier eine wichtige Rolle. Aber auch andere Faktoren sind für die Ausprägung einer Klimazone verantwortlich, wie die Verteilung von Land und Meer, die Höhenlage, die Menge und die jahreszeitliche Verteilung der Niederschläge oder die Meeresströmungen und Winde, die die Wärme transportieren.

Klima Als Klima bezeichnet man alle an einem Ort möglichen Wetterzustände. Dazu gehören deren typisches Aufeinanderfolgen sowie die Schwankungen im Tagesverlauf als auch die jahreszeitlichen Schwankungen.

Jahreszeiten und Ferientermine

Von den Ferien im Juli und August haben wir alle eine ganz bestimmte Vorstellung: Es sollte heiß sein und oft möglich, zum Schwimmen gehen zu können. Aber ist das überall auf der Welt so? Ein Blick ans „andere Ende" der Welt, nach Australien beispielsweise, zeigt deutliche Unterschiede. Wenn es bei uns im August Sommer ist und die Temperaturen auf 30 Grad Celsius oder höher klettern, ist in Australien Winter, Sommerferien sind im Dezember. Denn Australien liegt auf der Südhalbkugel, wo es dann Sommer und deshalb richtig heiß ist, und Temperaturen von bis zu 40 Grad Celsius herrschen. Die Jahreszeiten auf der Südhalbkugel sind gegenüber denen auf der Nordhalbkugel um genau ein halbes Jahr verschoben. Haben wir Winter, ist dort Sommer. Diese Situation entsteht durch die Neigung der Erde zur Sonne. In einem Halbjahr liegt die Südhalbkugel mehr der Sonne zugeneigt, im anderen halben Jahr ist es dann die Nordhalbkugel, auf der das Sommerhalbjahr vorherrscht.

3. Erläutert, wie sich das Klima von Pol zu Pol verändert.

4. Erklärt für jede Klimazone das herrschende Klima mit Bild und Klimadiagramm.

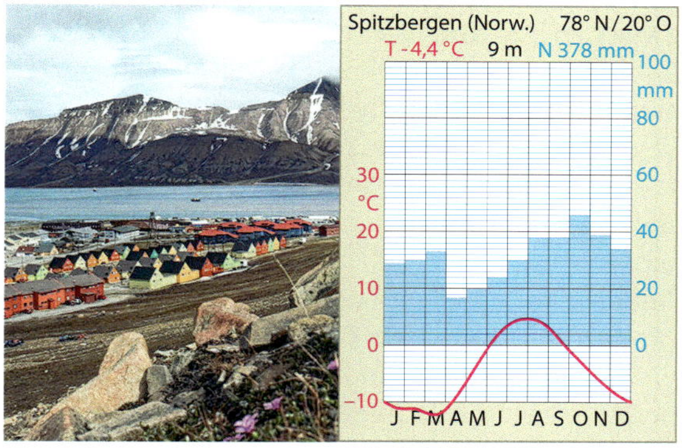

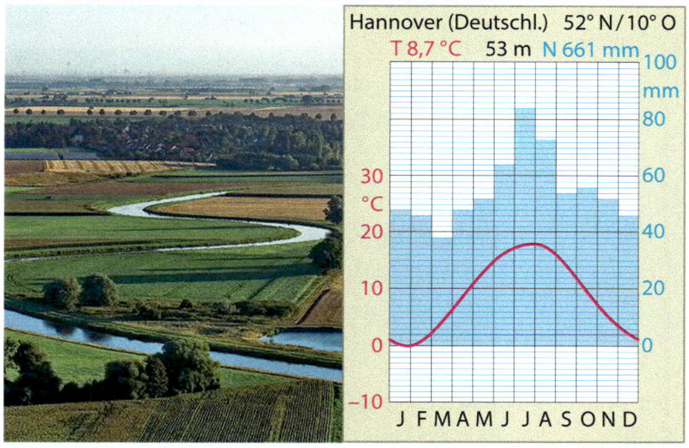

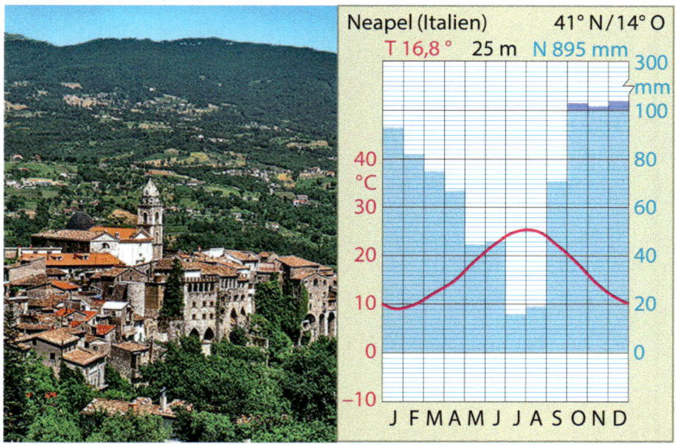

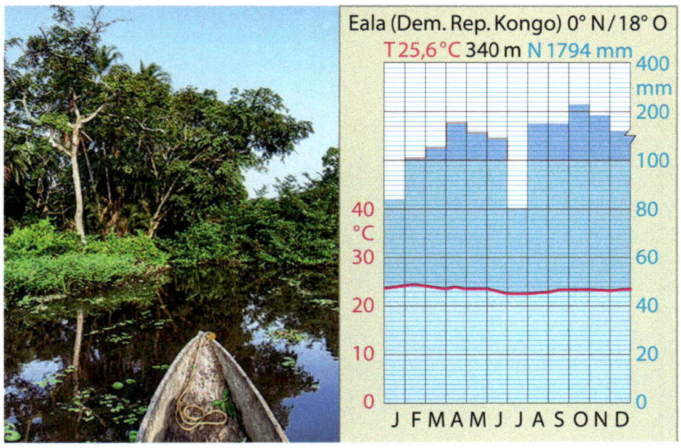

[2]–[5] Klimadiagramme der Erde.

▸ Klimazonen der Erde

Mit folgenden und ähnlichen Fragen beschäftigt sich das Kapitel:
Welchen Zusammenhang gibt es zwischen Klima und Vegetation in den verschiedenen Klimazonen?
Welche Folgen hat der Nutzungswandel in den trockenen Gebieten der Erde?
Wie funktioniert der tropische Regenwald, und welche Formen der nachhaltigen Nutzung gibt es?
Was unterscheidet ein Tageszeitenklima von einem Jahreszeitenklima?

Wichtige Kompetenzen in diesem Kapitel

Orientierungskompetenz
- Typische Merkmale der Klimazonen als Ergebnis der Sonneneinstrahlung erläutern

Analysekompetenz
- Ursachen für das Vorhandensein unterschiedlicher Klimazonen erklären
- Verschiedene Klimazonen unterscheiden und deren zentrale Merkmale (Klima, Vegetation) benennen
- Abhängigkeit der Vegetationsperioden von Temperatur und Wasser erläutern

Urteilskompetenz
- Lebens- und Wirtschaftsformen von Menschen unter bestimmten naturräumlichen Bedingungen hinsichtlich ihrer Nachhaltigkeit beurteilen

Handlungskompetenz
- Ergebnisse verständlich aufbereiten und präsentieren
- Experimente durchführen

Methodenkompetenz
- Ein Wirkungsgefüge erstellen und auswerten
- Experimente durchführen und auswerten
- Klimadiagramme zeichnen und auswerten

Temperaturzonen der Erde

Die Sonne wärmt die Erde

Der Sonne verdanken wir das Leben auf der Erde. Sie spendet uns, den Pflanzen und den Tieren Licht und Wärme. Beim Auftreffen der Sonnenstrahlen auf die Erdoberfläche werden diese zum Teil in Wärme umgewandelt. Aufgrund der Kugelgestalt der Erde treffen die Sonnenstrahlen in unterschiedlichem Winkel auf die Erdoberfläche. Der Erdboden und die Luft erwärmen sich dort am stärksten, wo die Sonnenstrahlen sehr steil oder sogar senkrecht auf die Erde einstrahlen. Bei einem flachen Einstrahlungswinkel verteilt sich die Sonnenenergie auf eine größere Fläche, was zu einer geringeren Erwärmung des Erdbodens führt. Am Äquator gelangt so dreimal mehr Sonnenenergie auf einen Quadratmeter Boden als an den Polen.

Unterschiedliche Temperaturzonen

Man unterscheidet Gebiete (Zonen), in denen gleiche oder ähnliche Temperaturen herrschen (Abb. [1], [2]). Die heiße Zone (Tropenzone) ist der Bereich zwischen den Wendekreisen. Die Sonneneinstrahlung ist immer hoch. Hier gibt es keine Jahreszeiten. Dafür sind die Unterschiede zwischen Tag und Nacht zum Teil recht groß. Zwischen den Wendekreisen und den Polarkreisen in 66,5 Grad nördlicher bzw. südlicher Breite liegen die gemäßigten Zonen. Im Verlaufe eines Jahres steht hier die Sonne mal hoch am Himmel oder mal nur ganz flach. Deswegen gibt es hier Jahreszeiten.

Bei den Polarkreisen beginnen die kalten Zonen (Polarzone). In diesen Gebieten herrscht immer ein flacher Sonnenstand. Selbst die Sommertemperaturen sind hier in der Regel niedrig.

1. Sucht in Abbildung [2] die unterschiedlichen Einstrahlungswinkel der Sonnenstrahlen. Beschreibt die Veränderungen vom Äquator bis zu den Polen.
2. Übertragt die Tabelle in euer Heft. Vervollständigt sie mit folgenden Textbausteinen: *niedrig, zwischen den Polarkreisen und den Polen, steil bis*

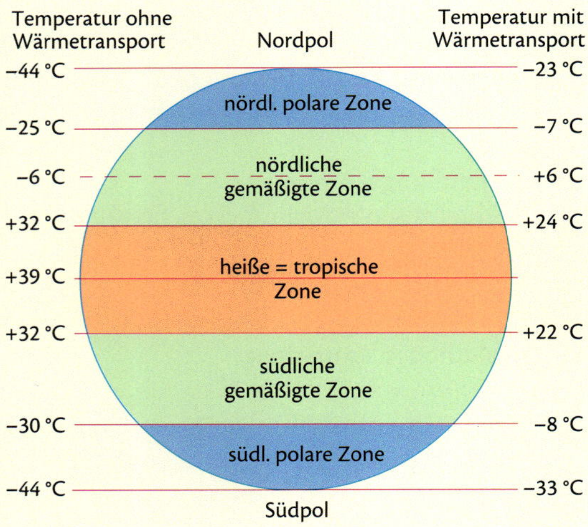

Temperaturzonen	Einfallswinkel der Sonnenstrahlen	Taglänge / mögliche Sonnenscheindauer	Jahresmittel der Temperatur
nördl. polare Zone	flach	starker Wechsel (Polartag/Polarnacht) 0–24 h	niedrig
nördliche gemäßigte Zone	mäßig steil	jahreszeitlicher Wechsel mäßig 2–22 h	gemäßigt
heiße = tropische Zone	steil bis senkrecht	stets gleich lang 10–12 h	hoch
südliche gemäßigte Zone	mäßig steil	jahreszeitlicher Wechsel mäßig 2–22 h	gemäßigt
südl. polare Zone	flach	starker Wechsel (Polartag/Polarnacht) 0–24 h	niedrig

[1] Temperaturzonen der Erde und ihre Grenzen.

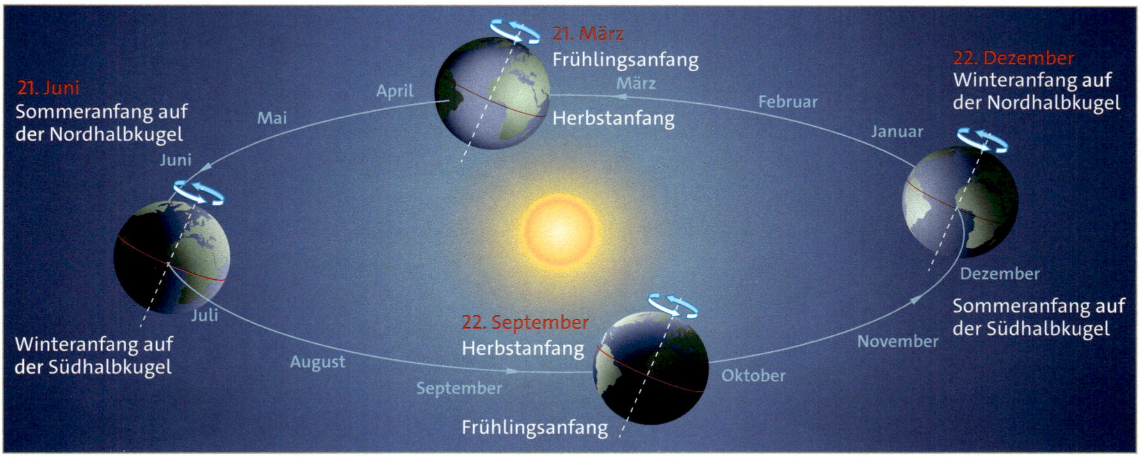

[2] Die Jahreszeiten auf der Nordhalbkugel der Erde.

senkrecht, zwischen den Wendekreisen, gemäßigt, mäßig steil, heiße, zwischen den Wendekreisen und den Polarkreisen, kalte.

Zone	Ausdehnung	Einstrahlungswinkel der Sonne	Temperaturen
... Zone	...	...	hoch
gemäßigte Zone	...	...	...
... Zone	...	flach	...

3. Erklärt, warum in den kalten Zonen die Temperaturen niedrig sind.

Die Neigung der Erdachse und die Folgen

Bei ihrem Umlauf um die Sonne während eines Jahres steht die Erdachse nicht senkrecht, sondern „schief". Diese Neigung (23,5 Grad) verändert sich nicht (Abb. [2]). Nur in den Tropen, zwischen 23,5 Grad nördlicher und südlicher Breite, kann die Sonne im Verlauf eines Jahres senkrecht, das heißt im Zenit, stehen. Die Grenzen der Tropen werden als nördlicher und südlicher Wendekreis bezeichnet.

Am 21. Juni treffen die Sonnenstrahlen senkrecht auf den nördlichen Wendekreis. Auf der Nordhalbkugel ist Sommer, auf der Südhalbkugel Winter. Im Nordpolargebiet geht die Sonne nicht unter. Es herrscht Polartag.

Am 21. Dezember fallen die Sonnenstrahlen senkrecht auf den südlichen Wendekreis. Die Tage auf der Nordhalbkugel sind kurz. Im Nordpolargebiet geht die Sonne nicht auf. Es herrscht Polarnacht. Auf der Nordhalbkugel ist jetzt Winter, auf der Südhalbkugel Sommer.

4. Nennt Folgen, die der Wechsel der Jahreszeiten für euer Leben hat.

5. Vergleicht die Folgen mit den Lebensbedingungen in den Gebieten der Erde ohne Jahreszeiten.

Wählt einen der folgenden Arbeitsaufträge aus:

- Benennt schriftlich je zwei Länder in jeder Temperaturzone und benutzt dazu den Atlas.
- Erstellt einen Artikel für ein Jugendlexikon zum Stichwort „Temperaturzonen".
- Beurteilt die Auswirkungen der Sonneneinstrahlung auf den Tagesverlauf in den drei Temperaturzonen im täglichen Leben.

Was ihr noch tun könnt ...

- Erstellt ein Poster mit den Temperaturrekorden der Erde. Schreibt in das Poster das dazugehörige Land und den Kontinent. Ihr könnt dazu im Atlas nachschlagen.

Klima- und Vegetationszonen

Wo gibt es Gemeinsamkeiten, wo Unterschiede?

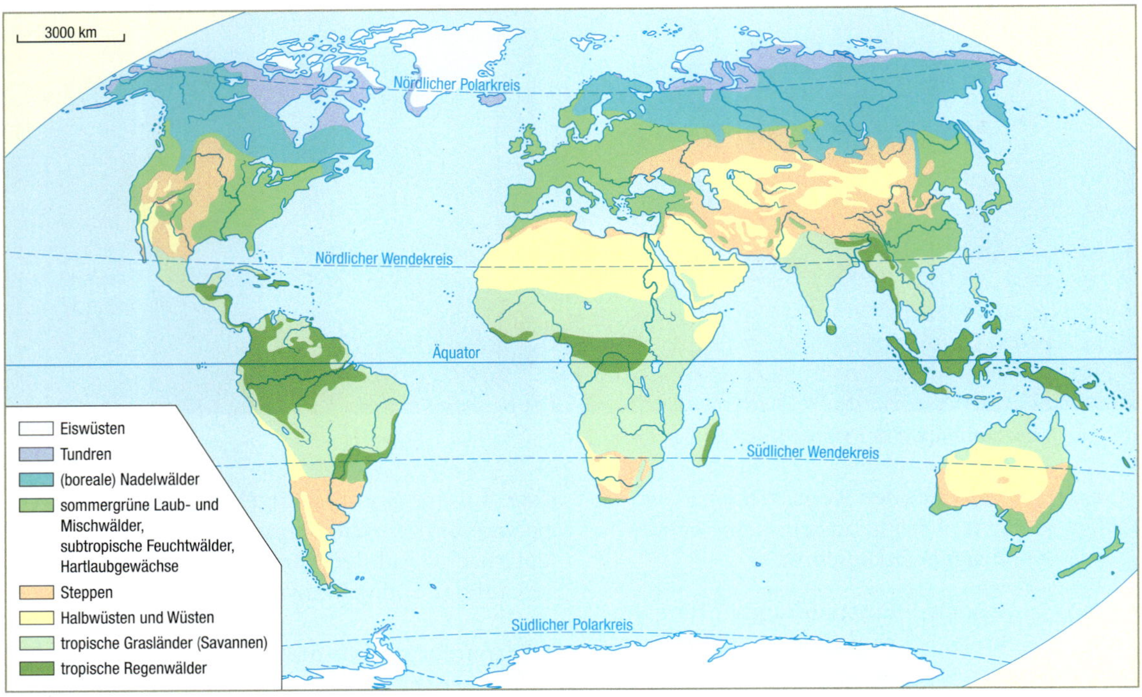

[1] Vegetationszonen der Erde.

1. Beschreibt mithilfe der Karte [1] die Gemeinsamkeiten zur Verbreitung der Vegetationszonen.
2. Nennt die Vegetationszonen, in der Deutschland, Brasilien, Neuseeland, Japan, Italien, Alaska und Mexiko liegen (Atlas und Abb.[1]).

Die natürliche Vegetation

Der natürliche Bewuchs hat sich in langen Zeiträumen dem Klima der Region angepasst. So können auch Regionen, die in großer Entfernung zueinander liegen, durch ähnliches Klima die gleiche Vegetation aufweisen. Zusammenhängende Gebiete mit gleichartiger Vegetation nennt man Vegetationszonen. Diese Zonen haben bestimmte Gemeinsamkeiten, die bewirken, dass sich typische Pflanzengesellschaften entwickeln, die sich an das jeweilige Klima angepasst haben. Kommt noch ein Höhenunterschied hinzu, verändert sich die Vegetation, da die Temperatur mit der Höhe abnimmt. Deshalb hat der Kilimandscharo in Afrika Schnee auf dem Gipfel.

Wasserspeicher in der Wüste

In den trockenen Gebieten der Erde wachsen Pflanzen, die die Fähigkeit haben, viel Wasser zu speichern. Diese sind dann dick und fleischig. Andere haben kleine mit einer Wachsschicht überzogene Blätter oder Nadeln, damit sie sich vor Verdunstung schützen.

[2] Sukkulenten speichern Wasser bei Trockenheit.

3. Arbeitet die möglichen Auffälligkeiten von Pflanzen heraus, die sich an Trockenheit angepasst haben.

Klimazone = Vegetationszone?

Zwischen den Vegetationszonen und den Klimazonen der Erde besteht eine enge Verbindung. Klimafaktoren wie Niederschlag, Temperatur und Luft haben einen großen Einfluss auf die Vegetation. Herrschen in einer Region vergleichbare klimatische Bedingungen, kann sich auch eine ähnliche Vegetation entwickeln. Deshalb gibt es fließende Übergänge zwischen einzelnen Vegetationszonen. Der Einfluss des Menschen auf die Pflanzenwelt ist erheblich, da sein Eingreifen in die Natur die natürlichen Bedingungen verändert, wie durch die Land- und Forstwirtschaft oder unterschiedliche Baumaßnahmen von Verkehrswegen oder Orten. Die natürliche Vegetation einer Landschaft wird immer weiter zurückgedrängt und somit weitgehend verändert. Sie ist heute in vielen Gebieten kaum noch zu erkennen.

4. Nennt verschiedene Beispiele für das Einwirken des Menschen auf die natürliche Vegetation.

[3] Buchen- und Eichenwälder, die natürliche Vegetation Deutschlands.

[4] Vegetation in verschiedenen Klimazonen.

5. Ordnet die Bilder der Pflanzen in Abbildung [4] den Vegetationszonen in Abbildung [1] zu.

Wählt einen der folgenden Arbeitsaufträge aus:

- Nennt Staaten, die Anteil an verschiedenen Klimazonen haben. Erstellt eine Übersicht.
- Erläutert schriftlich den Zusammenhang, der zwischen den Vegetationszonen und den Klimazonen einer Landschaft besteht.
- Gestaltet ein Lernplakat, auf dem die Unterschiede zwischen Vegetations- und Klimazonen vergleichend dargestellt sind.

Was ihr noch tun könnt…

- Bereitet ein Referat vor über die Klimazonen der Erde. Nennt typische Merkmale für jede Zone.

WEBCODE: MZ652471-017

Regenwald in Gefahr!

Was ist das: Urwaldriesen und grüne Lunge?

[1] Ein Urwaldriese.

1. Beschreibt die Urwaldriesen (Abb. [1] und [2]).
2. Nennt Länder, in denen es noch solche Bäume gibt (Abb. [1] bis [3]).

Die Stockwerke des Regenwalds

Den Regenwald kann man in verschiedene Stockwerke unterteilen. Diese Schichten richten sich nach der Höhe der Pflanzen. Es sind insgesamt fünf. Die Urwaldriesen auf einer Höhe von bis zu 60 Metern ragen aus dem Kronendach der Baumschicht heraus. Unterhalb der Baumschicht beginnt die Baum- und Strauchschicht mit Sträuchern und jungen Bäumen. Dieses Stockwerk besitzt eine enorme Tier- und Pflanzenvielfalt. Darunter befindet sich die direkt am Boden befindliche Strauch- und Krautschicht mit Kräutern, Kriechpflanzen und Pilzen, die mit sehr wenig Licht auskommen müssen. Denn nur 1 % des auftreffenden Sonnenlichts kommt am Boden des Regenwalds an!

Kampf ums Sonnenlicht

Im tropischen Regenwald sind das ganze Jahr über genug Wasser und Wärme vorhanden, damit die Pflanzen kräftig wachsen können. Allerdings ist der Pflanzenwuchs so dicht, dass ein ständiger Kampf um das Sonnenlicht das Überleben der verschiedenen Pflanzenarten bestimmt. Wegen der unglaublich großen Fülle an ganzjährig grünen Blättern spricht man beim Urwald auch von der „grünen Lunge“ der Erde. Denn die Regenwälder sind maßgeblich an der Sauerstoffversorgung der Erde beteiligt.

Extreme Anpassung

Die Blätter der höchsten Bäume haben eine wachsartige Schicht, um die erbarmungslos auf das Blätterdach brennende Sonne aushalten zu können. Andererseits besitzen die Pflanzen in Bodennähe teilweise sehr große Blätter, um auch das kleinste Restchen Sonnenlicht aufzufangen. Wenn es zu regnen beginnt, erreichen die Regentropfen erst mit einiger Verzögerung den Waldboden, so dicht ist das Blätterdach.

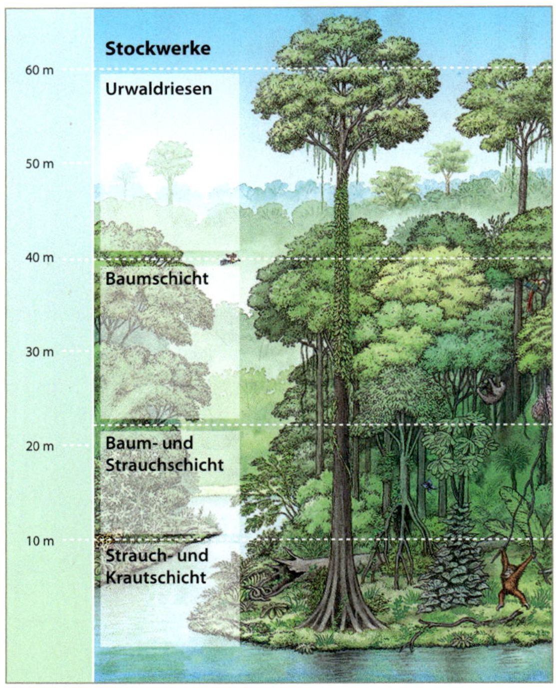

[2] Die Stockwerke des Regenwalds.

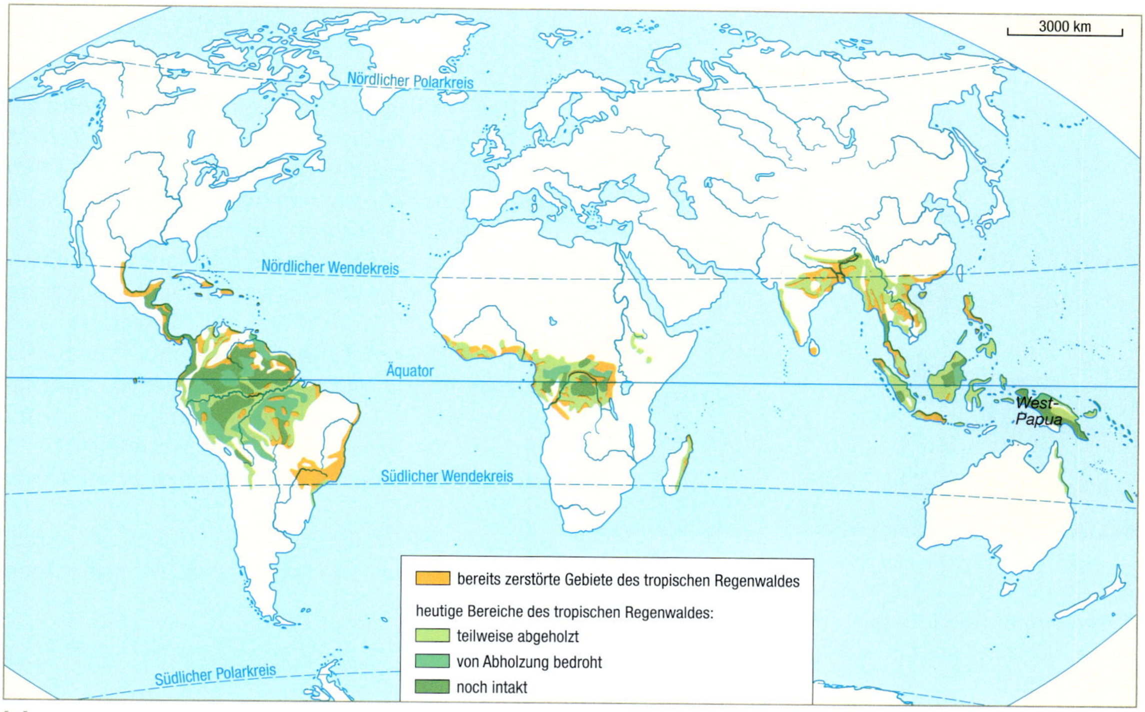

[3] Ursprüngliche und heutige Verbreitung des tropischen Regenwaldes.

3. Vergleicht die ursprüngliche und die heutige Verbreitung des tropischen Regenwalds.

Brandrodung für Palmöl

In jeder Sekunde wird tropischer Regenwald von der Größe zweier Fußballfelder abgeholzt. Aber nicht nur die ständig wachsende Bevölkerung und ihr Bedürfnis nach Ackerbau und Weiden, auch das Gewinnstreben fügt dem Wald großen unwiderruflichen Schaden zu: Durch Rodungen werden Ackerflächen gewonnen, die für den Anbau einzelner Arten im Plantagenanbau genutzt werden sollen, wie in den Palmölplantagen. Der Boden ist allerdings schnell ausgelaugt und unbrauchbar, weitere Flächen werden gerodet. Dann ziehen Bauern und Plantagenbesitzer weiter. Statt die Vorschriften zur Wiederaufforstung einzuhalten, lassen sie oftmals eine unfruchtbare Wüste zurück.

[4] Großer Tukan.

Ganze Wälder verschwinden für den Bedarf der Industrieländer. Auch dort, wo Bodenschätze abgebaut, Seen aufgestaut oder Straßen angelegt werden, müssen die Wälder weichen. Das hat einen großen negativen Einfluss auf das weltweite Klima.

4. Nennt Gründe für die Zerstörung des Regenwaldes durch die einheimische Bevölkerung und durch die Menschen in den Industrieländern.

Wählt einen der folgenden Arbeitsaufträge aus:

- ⚀ Übertragt die Namen der verschiedenen Stockwerkschichten aus [2] mit Angabe der Wuchshöhe in euer Heft. Nennt Pflanzenbeispiele für die Stockwerke.
- ⚁ Erklärt schriftlich, warum man den Regenwald als „grüne Lunge der Erde" bezeichnet.
- ⚂ Beurteilt die Zerstörung des Regenwaldes vor dem Hintergrund seiner Funktion und Vielfalt.

Phänomene des Regenwalds

Zu jeder Tageszeit ein eigenes Klima?

[1] Nach dem Gewitter in den Tropen.

1. Beschreibt Abbildung [1] und überlegt, woher die „Wolken" über dem Regenwald kommen könnten.

Die Tropen

Die tropische Zone (auch heiße Zone genannt) dehnt sich beiderseits des Äquators zwischen dem nördlichen und dem südlichen Wendekreis aus.

2. Zeigt auf einer Atlaskarte die tropische (heiße) Zone. Auf welchen Kontinenten und durch welche Meere verläuft sie?

Tropentage

In den Tropen ist es das ganze Jahr über heiß und feucht. Es gibt keine wärmeren oder kälteren Monate, sodass man auch nicht zwischen Frühling, Sommer, Herbst und Winter unterscheiden kann. Die Temperatur in den Tropen schwankt jedoch regelmäßig sehr stark im Verlauf eines Tages.
In den Tropen geht die Sonne täglich ohne lange Morgendämmerung auf und erreicht – wie bei uns – gegen zwölf Uhr ihren höchsten Stand. Sie steht dann nahezu senkrecht über dem Betrachter. Tropentage sind kürzer als Sommertage in Deutschland, denn die Sonne geht am Äquator täglich gegen sechs Uhr auf und nach zwölf Stunden wieder unter.

[2] **Der Schriftsteller Hageni berichtet über Gewitter in den Tropen:**

Das tägliche Tropengewitter ist jedesmal ein gewaltiges Ereignis. Hoch reichende Wolkentürme bauen sich langsam auf, der Himmel verfinstert sich, und in einem Inferno von Blitzen stürzen die Wassermassen vom Himmel herab, schlagen auf Kopf und Schultern, drücken uns fast zu Boden. Im Nu sind wir bis auf die Haut durchnässt. Die Luft scheint nur aus herabfallendem Wasser zu bestehen – einer Wand aus Wasser, die sich vor uns öffnet und hinter uns schließt. Es tropft, rauscht, spritzt, gurgelt über den Pfad, und flache Mulden füllen sich zu schwarzen Schlammpfützen. Der modrige Boden verwandelt sich in knöcheltiefen Sumpf. Aber ebenso schnell, wie es gekommen ist, verzieht sich das Gewitter wieder. Der Wald trieft vor Nässe. Ein fauliger Dunst und eine schier unerträgliche Schwüle nehmen uns den Atem.

Alfred Hageni, Gefangen im Dschungel, Düsseldorf (Hoch) 1975.

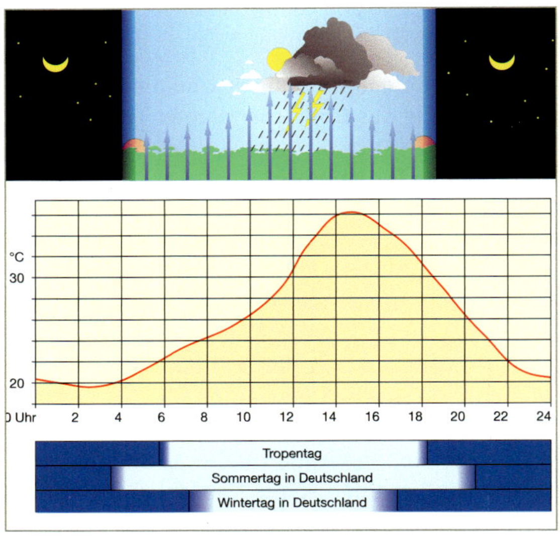

[3] Temperatur und Niederschlag des Tropentages.

Durch das immer gleichbleibende Klima und die fehlenden Jahreszeiten entsteht im Regenwald eine weitere Besonderheit: Das sogenannte Tageszeitenklima. Das tägliche Tropengewitter ist fester Bestandteil des Nachmittags.

3. Erläutert den Tagesverlauf in den Tropen. Arbeitet mit Abbildung [3].

4. Das tägliche Gewitter ist ein Merkmal des Tageszeitenklimas im Regenwald. Vergleicht die Aussage mit dem Bericht des Forschers (Text [2]).

Üppiger Wald auf fast unfruchtbarem Boden

Obwohl der tropische Regenwald zu den artenreichsten Lebensräumen der Erde gehört, ist der Boden, auf dem er wächst, ziemlich unfruchtbar. Der Hauptgrund: Der ständige Regen spült die Nährstoffe weg. Um zu überleben, bilden die Pflanzen einen perfekten Kreislauf, damit nichts an wertvoller Nahrung verloren geht. Fast der gesamte Vorrat an Nährstoffen, den sie zum Wachsen brauchen, steckt oberhalb des Bodens in den lebenden und abgestorbenen Pflanzen.

5. Erklärt mithilfe von Abbildung [5] wie der Nährstoffkreislauf im Regenwald funktioniert.

Ökosystem Regenwald

Doch wie kann dann hier Regenwald wachsen? In jedem Wald funktioniert der Kreislauf in etwa so: Das Millionenheer von Insekten, Würmern und Bakterien sowie Pilzen zersetzt die abgestorbenen Pflanzenteile in kurzer Zeit zu Humus. Dabei werden die Nährstoffe frei, die sie gespeichert haben. Die Wurzeln der Pflanzen nehmen die Nährstoffe wieder auf, der Kreislauf beginnt von neuem. Auch Pilze zersetzen die herabfallenden Blätter und sonstiges Pflanzenmaterial, sogar die mächtigen Holzstämme, und lösen die Nährstoffe heraus. Manche Pilze vernetzen sich im Boden mit den Wurzeln der Bäume. Die Pilze liefern den Pflanzen die Nährstoffe und Wasser aus dem Boden, die Pflanzen den Pilzen den in den Blättern gebildeten Zucker. Beide (Pflanzen und Pilze) leben also in einer „Symbiose" – das ist ein Zusammenleben zweier oder mehrerer Arten, das für beide vorteilhaft ist.

[4] Bewohner des Regenwalds: ein Jaguar.

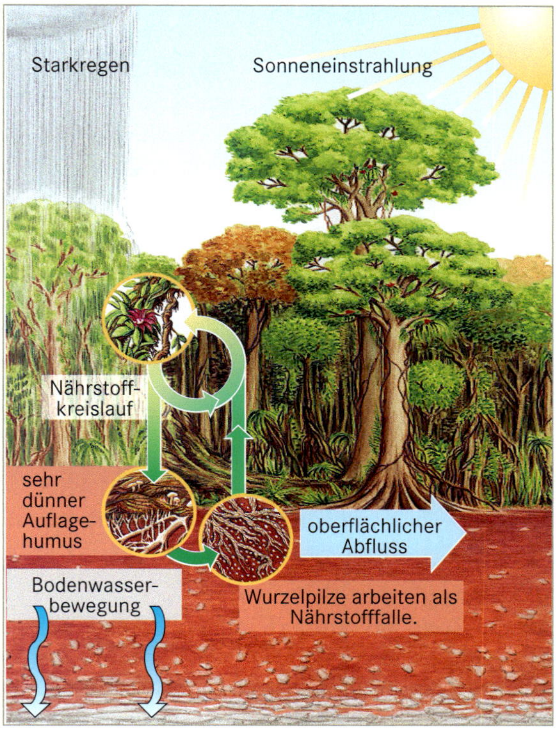

[5] Nährstoffkreislauf im Regenwald.

Wählt einen der folgenden Arbeitsaufträge aus:

- Übertragt Abbildung [5] auf in einer Skizze und beschriftet richtig. Nennt Pflanzen, Tiere und andere Bestandteile des Nährstoffkreislaufes.
- Erklärt in einem Kurzreferat das Tageszeitenklima des Regenwaldes.
- Gestaltet ein Plakat zum Ökosystem Regenwald.

Was ihr noch tun könnt ...

- Findet mehr über typische Pflanzen des Regenwalds heraus. Wie leben sie?

Savannen – zwischen Regenwald und Wüste

Welche Formen der Savannen gibt es?

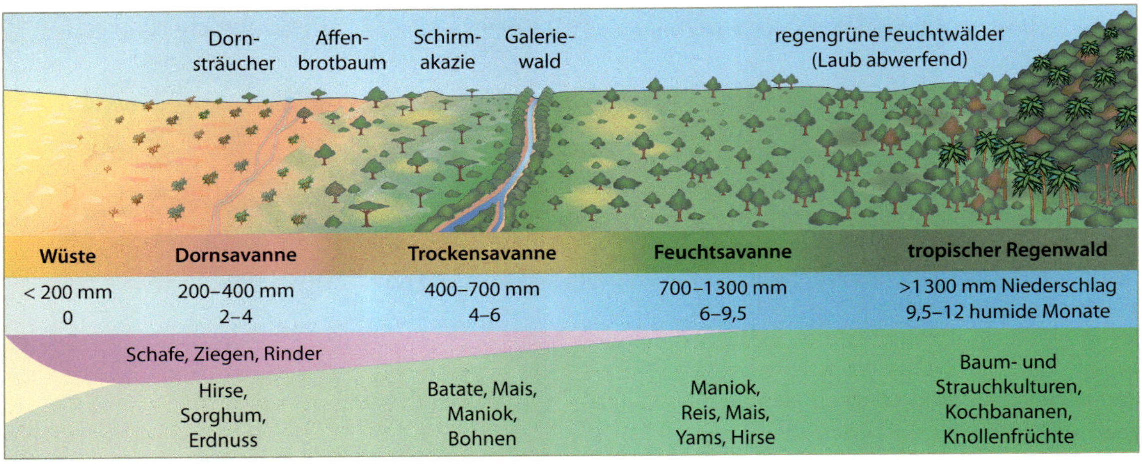

[1] Niederschläge zwischen dem tropischen Regenwald und der Sahara.

Das Klima gliedert die Savannen

An die Zone des immerfeuchten tropischen Regenwaldes schließen sich beiderseits des Äquators die Zonen der Savannen an. Savannen sind weite Graslandschaften. Typisch für das Klima ist der Wechsel von Regen- und Trockenzeiten. Je weiter ein Gebiet vom Äquator entfernt ist, desto kürzer ist die Regenzeit. Die Savannen werden in Feucht-, Trocken- und Dornstrauchsavannen unterteilt.

[2] Nashorn mit Jungtier.

Die Feuchtsavanne

In der Feuchtsavanne erreichen die Bäume nicht mehr dieselben Höhen wie im tropischen Regenwald. Sie stehen auch nicht mehr so dicht nebeneinander wie dort. Sechs bis zehn Monate fallen ausreichend Niederschläge. Die Flüsse in der Feuchtsavanne führen ganzjährig Wasser. Bäume behalten auch in der Trockenzeit ihr Laub. In der parkartigen Landschaft der Feuchtsavanne befinden sich die großen Tierreservate mit ihren zahlreichen Elefanten, Giraffen, Zebras und Nashörnern.

Die Trockensavanne

In der Trockensavanne fällt weniger Niederschlag als in der Feuchtsavanne. Bäume findet man nur noch vereinzelt. Sie werfen in der Trockenzeit ihr Laub ab, können aber Wasser speichern und so die sechs bis acht trockenen Monate überdauern. In dieser offenen Landschaft mit brusthohem Gras führen die Flüsse nicht ganzjährig Wasser. An ihren Ufern haben sich dichte, ganzjährig grüne Baumstreifen ausgebildet (Galeriewälder).

1. Beschreibt anhand Abbildung [1] den sich verändernden Bewuchs der Savannen.

[3] In der Trockensavanne während der Regen- und der Trockenzeit.

Die Dornstrauchsavanne

Bevor die Wüsten im Bereich der Wendekreise erreicht werden, finden wir die Zone der Dornstrauchsavanne. Nur etwa zwei bis vier Monate fallen hier ausreichende Niederschläge, um Pflanzenwachstum zu ermöglichen.
Wasser ist kostbar. Flüsse führen nur in der Regenzeit Wasser. Viele Pflanzen besitzen die Eigenschaft, Wasser zu speichern, und halten oft monatelang eine Art „Trockenschlaf". In der Dornstrauchsavanne wachsen häufig Kakteen und ein undurchdringliches Dorngestrüpp.
Die Grasdecke kann bis zu 25 Zentimeter hoch werden und ist nicht geschlossen. Bäume sind hier äußerst selten und meistens kahl.

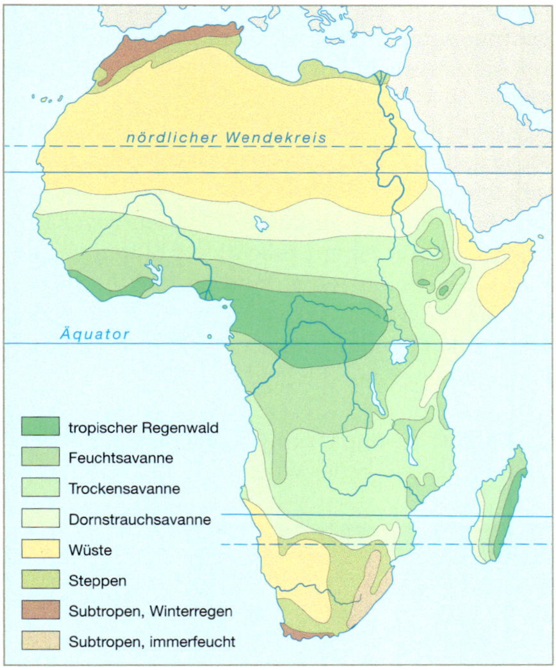

[4] Die Vegetationszonen in Afrika.

2. Zeigt die Savannen (Abb. [4]) und nennt drei Staaten in Afrika, in denen es Savannen gibt.

Regenfeldbau und Nomadentum

Der Ackerbau ist auch in der Savanne vor allem vom Regen abhängig. Überall dort, wo es nicht mehr als siebeneinhalb trockene Monate gibt und mindestens 250 Millimeter Niederschlag im Jahr fallen, ist Ackerbau möglich.
Die Bauern leben in festen Siedlungen und bearbeiten ihre Felder ohne zusätzliche Bewässerung. Diese Form des Anbaus nennt man Regenfeldbau. Am Ende der Trockenzeit bestellen die Bauern ihre Felder. Mit Hacken lockern sie die oberste Schicht etwa zehn Zentimeter tief auf. Diese Arbeit ist sehr mühsam, da der Boden ausgetrocknet und hart ist. Nach den ersten Regenfällen muss schnell gesät werden, damit die Pflanzen die geringen Niederschläge nutzen können. Bleiben die Niederschläge aus oder fallen nicht ausreichend in der Wachstumsperiode der Pflanzen, kommt es zu Ernteverlusten und Hungersnöten.
Dort, wo die Niederschläge für den Ackerbau nicht mehr ausreichen, wird Viehzucht betrieben. Die Viehherden werden auf dem spärlichen Weideland der Trocken- und Dornstrauchsavannen gehalten. Wenn Rinder, Schafe und Ziegen die Weiden abgegrast haben, werden sie in neue Gebiete geführt. Viehhüter und ihre Familien sind aus diesem Grund das ganze Jahr auf Wanderschaft. Sie werden als Nomaden bezeichnet.

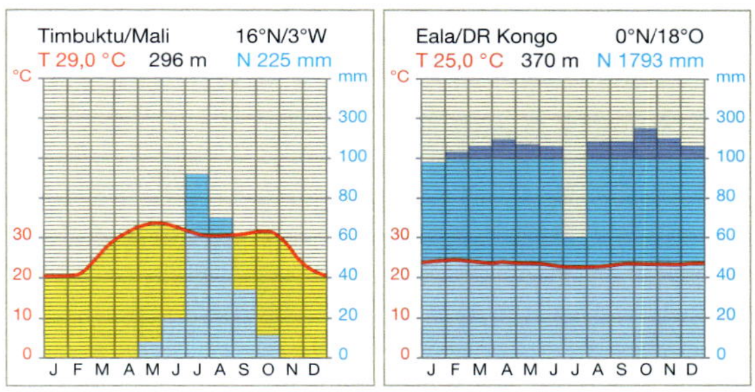

[5] Klimadiagramme von Mali und Kongo.

3. Erklärt mit eigenen Worten den Zusammenhang zwischen Regenfeldbau und Nomadentum.

Wählt einen der folgenden Arbeitsaufträge aus:

- Beschreibt, welchen Savannentypen die Klimadiagramme in Abbildung [5] zugeordnet werden können.
- Vergleicht die Feuchtsavanne und die Trockensavanne schriftlich.
- Erörtert in einem Kurzvortrag über den Regenfeldbau die Möglichkeiten der Bauern, sich und ihre Familien zu ernähren.

WEBCODE: MZ652471-023

Wüsten und Oasen

Wie haben sich die Bewohner angepasst?

[1] Sandwüste in Marokko.

1. Was wisst ihr schon alles über Wüsten? Sammelt euer Vorwissen und beschreibt sie.

Ich bin Faruk. Mit meiner Familie lebe ich in der Wüste Sahara. Da es hier kaum Wasser gibt, müssen wir Brunnen graben, um an Wasser zu kommen. In der Mittagshitze ziehen wir uns in unsere Zelte zurück.

Meer ohne Wasser

„Bahr bela ma" – Meer ohne Wasser – so nennen die Araber die Sahara. Allerdings trügt der erste Eindruck, denn inmitten der Wüsten der Welt liegen tausende von Oasen, die Menschen, Tiere und Pflanzen mit Wasser versorgen.

Die Wüste lebt

Die Wüsten gehören wegen ihres Wassermangels und ihrer hohen Temperaturschwankungen im Tagesverlauf zu den lebensfeindlichsten Landschaftszonen der Erde. Doch Menschen, Pflanzen und Tiere haben sich an die extremen Bedingungen angepasst. Manche Wüstenpflanzen schränken ihre Verdunstung durch winzige Blätter oder Dornen ein. Andere überstehen lange Trockenzeiten als Samen oder mit einer viele Meter tiefen Wurzel, die bis in die Grundwasserschichten reicht. Nach gelegentlichen Regenfällen überziehen sie in kurzer Zeit den zuvor kahlen Boden mit einem prächtigen Blütenteppich. Viele Tiere in der Wüste sind nachtaktiv. Sie verbringen die heißen Tagesstunden in geschützten und kühlen Höhlen und gehen erst mit Einbruch der Dunkelheit auf die Jagd.

2. Erläutert die Anpassung der Pflanzen und Tiere an das Leben in der Wüste.

[2] Wüstenlandschaft in Namibia.

[3] Sehr kleine Oase in der Wüste Gobi.

[4] Palmyra, einst bedeutende Oase.

3. Vergleicht Abbildung [3] und [4].

Die traditionelle Bedeutung von Oasen

Für Reisende waren Oasen wichtige Stationen bei der Durchquerung der Wüste. Bei einer solchen Reise, die auch mehrere Monate dauern konnte, wurden von den Karawanen schon immer Oasen angesteuert. Dort wurden die Vorräte aufgefüllt und Rast gemacht. Oasen wurden so auch zu wichtigen Handelspunkten. Außerdem bot eine Oase den Reisenden Schutz vor Überfällen und anderen Gefahren der Wüste.

Palmyra – einst bedeutende Oase

Heute sind wichtige Oasen von einst zu großen Städten gewachsen. Sie sind häufig über Flughäfen und Straßen an das internationale Verkehrsnetz angeschlossen, und oft beliebte Touristenziele oder bedeutende Wirtschaftsstandorte. Manche Oasen haben ihre Blütezeit seit vielen Jahrhunderten hinter sich und sind heute verlassen. So auch Palmyra. Palmyra lag an einer wichtigen Karawanenstraße in Syrien, auf halber Strecke von Damaskus über das Kastell Resafa bis zum Fluss Euphrat. Durch den großen Reichtum von Palmyra konnten riesige Bauprojekte durchgeführt werden. Im dritten Jahrhundert war die Stadt zu einer wohlhabenden Metropole geworden.

Obstbäume in der Wüste?

Grüne Palmen, Gemüse und Obstbäume, die mitten in der Wüste wachsen – das ist nur in Oasen möglich. Wasser wird häufig aus dem Grundwasser gewonnen (z. B. artesische Brunnen), manchmal auch aus Flüssen, die durch die Wüste fließen. Wo Wasser ist, können Menschen und Tiere überleben und Pflanzen gedeihen. Die Dattelpalme ist eine der nützlichsten Pflanzen in der Wüste: sie hält über 50° Celsius aus und sie spendet Schatten für andere Nutzpflanzen, die Oasenbauern in ihrem Schatten anbauen.

Wählt einen der folgenden Arbeitsaufträge aus:

- Zeigt und benennt die 4 größten Wüsten der Erde. Auf welchen Kontinenten liegen sie (Atlas)?
- Erstellt eine Mindmap zum Thema Wüsten. Arbeitet mit den gegebenen Materialien und weiteren Informationen.
- Bewertet den Wandel der Oasen von früher zu heute und beachtet dabei die Funktionen der Oasen und die Arbeitsmöglichkeiten für die Bewohner.

Methode

Ein Wirkungsgefüge erstellen

[1] Landschaftszonen im nördlichen Afrika.

Corinna hat einen Sachtext zur Sahelzone gefunden und darin Schlüsselwörter markiert:

Sahelzone und Desertifikation

Die Sahelzone ist ein Trockengürtel, der sich vom Atlantik bis zum Roten Meer erstreckt. Sie umfasst große Teile der Savannen im Nordteil Afrikas. Die Nord-Süd-Ausdehnung beträgt zwischen 100 und 800 km, die West-Ost-Erstreckung etwa 6 000 km. Anders als bei uns bleibt der Regen dort oft aus; es kann mehrjährige Dürren geben. Es gibt starke Niederschlagsschwankungen.

Die Staaten in der Sahelzone gehören zu den ärmsten Ländern der Welt. Es herrscht ein hohes Bevölkerungswachstum. Es werden neue Ackerflächen benötigt und die Viehherden vergrößert. Insbesondere der hohe Viehbestand sorgt für Überweidung. Ziegen, Schafe und Rinder fressen alles kahl. Somit wird der Boden anfällig für Erosion durch Wind und Wasser. Die Erosionsgefahr wird zusätzlich durch die großflächige Abholzung, insbesondere für Brennholz verstärkt. Unangepasste Bewässerung sorgt zudem für eine Versalzung der Böden und zum Sinken des Grundwasserspiegels. Das Absterben der Vegetation führt zur Ausbreitung von Dünen und schließlich zur größtenteils vom Menschen verursachten Ausbreitung der Wüste (Desertifikation). Es kommt zu verheerenden Dürre- und Hungerkatastrophen. Geographen schätzen, dass etwa 40 % der Gesamtbevölkerung Afrikas und Asiens in Gebieten leben, die von Desertifikation bedroht sind.

[2] Desertifikation im Sahel/Mali. Im Hintergrund eine eingezäunte Fläche. *Foto, 2005.*

Desertifikation auf einen Blick

Ein Wirkungsgefüge macht die Beziehungen von Einzelaspekten eines Themas übersichtlich deutlich. Zusammenhänge werden mithilfe von Pfeilen sichtbar gemacht.

1. Schritt: Thema festlegen

- Legt das Thema des Wirkungsgefüges fest (z. B. Ursachen und Folgen der Desertifikation in der Sahelzone).

2. Schritt: Material auswerten und Schlüsselbegriffe festlegen

- Wertet Material zum Thema aus (Lexika, Internet, Sachbücher).
- Notiert euch Schlüsselbegriffe, welche Bausteine des Gefüges werden können.

3. Schritt: Schlüsselbegriffe inhaltlich sortieren

- Ordnet die Schlüsselwörter nach Unterthemen wie Gründe, Maßnahmen, Folgen oder Nebenwirkungen.

4. Schritt: Beziehungen darstellen und Wirkungsgefüge zeichnen

- Sortiert die Schlüsselbegriffe übersichtlich auf einem Plakat oder an der Tafel nach Ursachen und Wirkungen bzw. Folgen.
- Stellt die Wirkungszusammenhänge durch Pfeile dar (unterschiedliche Strichstärken und Farben können dabei die Wichtigkeit oder Bedeutung signalisieren).

5. Schritt: Wirkungsgefüge präsentieren

- Präsentiert das Wirkungsgefüge und macht die Zusammenhänge des Themas deutlich.
  Tipp: Zeigt nicht gleich das gesamte Wirkungsgefüge, sondern erläutert die verschiedenen Bausteine nacheinander. So werden die Zusammenhänge leichter verständlich. Achtet auch auf eine große Schrift.

1. Erarbeitet ein Wirkungsgefüge über den Lebensraum Oase. Arbeitet mit folgenden Stichwörtern: Wassermangel, Wasser, Dattelpalmen, Verdunstung, Dämmerung, nachtaktiv, Anpassung. Findet noch weitere.

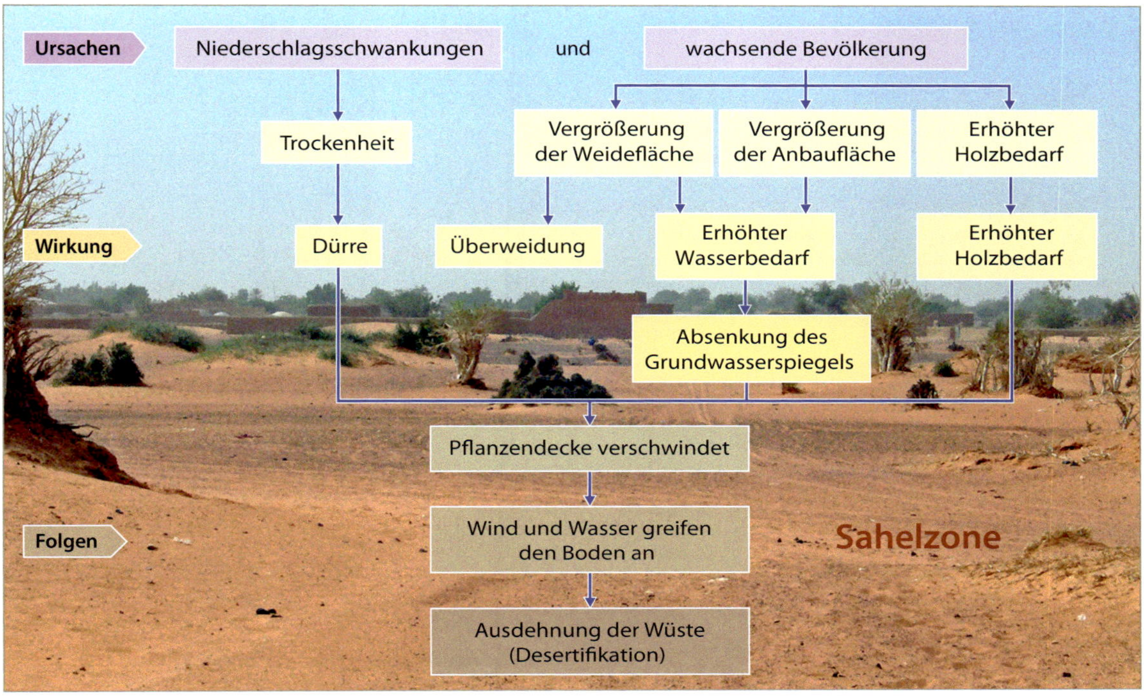

[3] Ursachen und Folgen der Desertifikation in der Sahelzone.

In der gemäßigten Zone

Was unterscheidet Landklima von Seeklima?

[1] Im Breisgau und in Warschau im März.

Das Klima in der gemäßigten Zone

Große Teile Europas, wie auch Deutschland, liegen in der gemäßigten Zone. Typisch sind hier der Wechsel der vier Jahreszeiten und der Gegensatz zwischen ozeanisch und kontinental geprägten Gebieten. Niederschläge sind dank des Westwindes über das ganze Jahr verteilt. Doch je weiter ein Gebiet vom Ozean entfernt liegt, desto weniger Niederschläge fallen – auch die temperaturausgleichende Wirkung des Meers nimmt ab.

Drei Klimatypen

Man unterscheidet in der gemäßigten Zone drei Klimatypen:
- Seeklima (ozeanisches Klima)
- Übergangsklima
- Landklima (kontinentales Klima).

Dank des ausgeglichenen Klimas findet man in der gemäßigten Zone einige der fruchtbarsten und ertragreichsten Gebiete der Erde.

1. Beschreibt die beiden Fotos und die Wettersituationen in Abbildung [1].
2. Erklärt mithilfe von Abbildung [2] die Entstehung von See- und Landklima mit eigenen Worten.

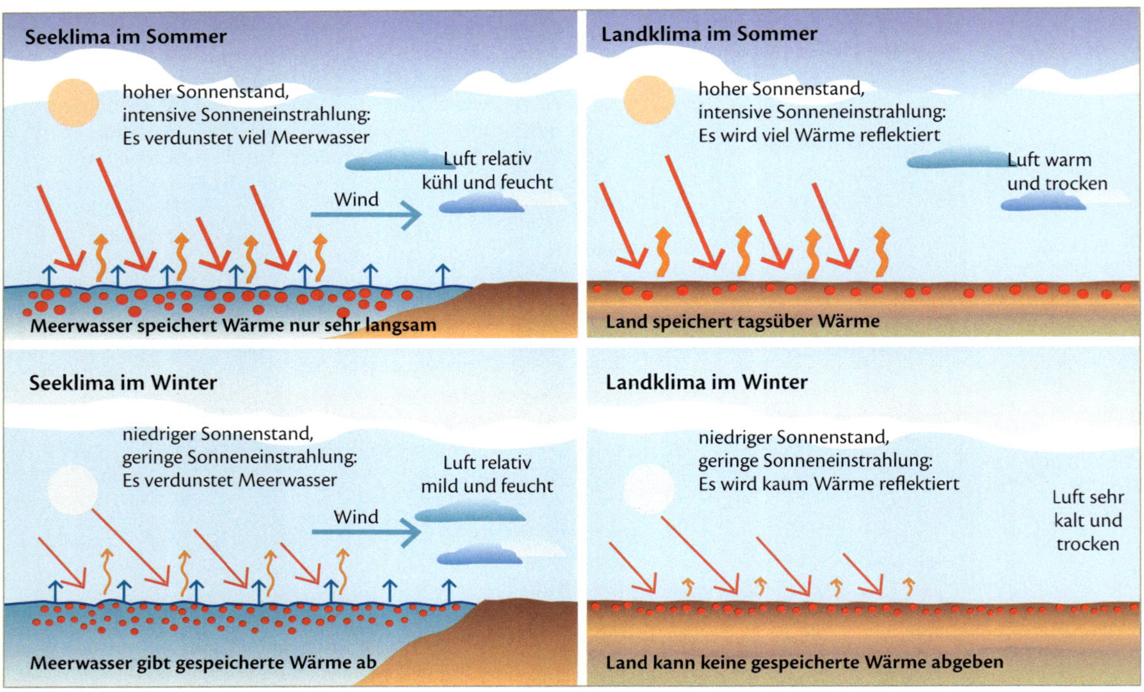

[2] Entstehung von Seeklima und Landklima.

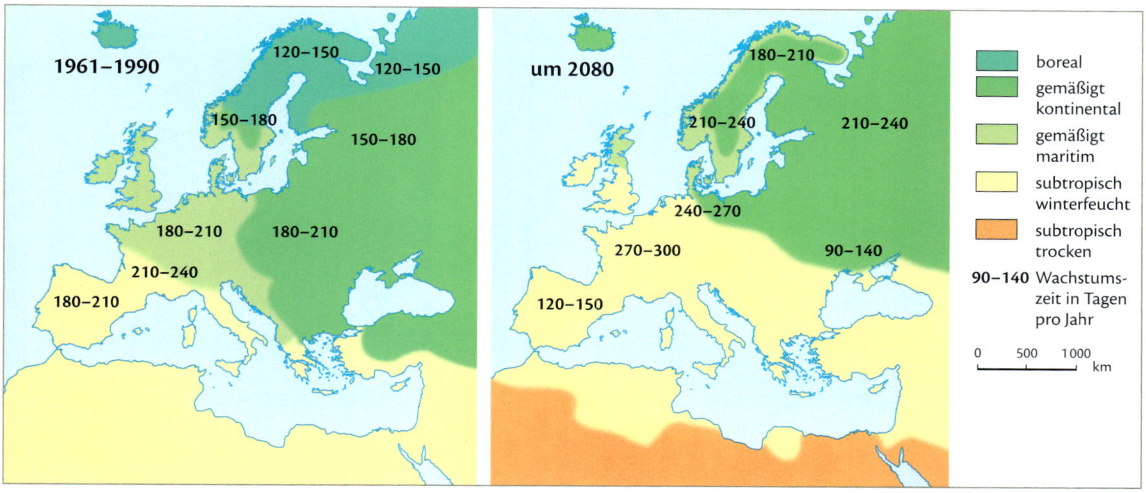

[3] Wachstumszeiten der Vegetation in Europa.

Der Einfluss des Klimas auf die Vegetation

In der gemäßigten Zone reichen Wärme und Niederschläge allgemein für eine Waldvegetation aus. Im kälteren Norden wachsen Nadelwälder und südlich davon Laub- und Mischwälder. Im trockenen Südosten können sich lediglich Gräser und Kräuter entfalten. Je nach Sonneneinstrahlung breiten sich im hohen Norden Tundren aus. Sommerliche Trockenheit führt in Südeuropa zur Vegetation von subtropischen Hartlaubgewächsen.

Die ursprüngliche Vegetation wird neben anderen Faktoren wie der Bodenqualität stark von den Temperaturen und den Niederschlägen bestimmt. Daraus ergibt sich die durchschnittliche Wachstumszeit, die die Pflanzen benötigen, um sich in einem Gebiet ansiedeln oder ausbreiten zu können (Karte [3]). Allerdings gibt es in Europa fast nirgendwo mehr eine ursprüngliche natürliche Vegetation. Die fruchtbaren Böden werden durch das ausgeglichene Klima für Ackerbau, Forstwirtschaft und Viehzucht genutzt. Ein großer Teil wird jedoch vom Menschen für die Ansiedlung von Betrieben, für Verkehrsflächen oder als Wohnraum verwendet und weiter erschlossen.

3. Erläutert, den Zusammenhang zwischen Klima und Vegetation auch mithilfe der Abbildung [3] und der Karte der Vegetationszonen von Seite 16.

Wählt einen der folgenden Arbeitsaufträge aus:

- Nennt die Merkmale der drei Klimatypen Europas und sucht ihre Verbreitungsgebiete auf einer geeigneten Atlaskarte.
- Vergleicht die Ausdehnung der Vegetation nach Wachstumszonen in den unterschiedlichen Zeiträumen (Abb. [3]).
- Überprüft die Aussage: „In der gemäßigten Zone findet man die fruchtbarsten und ertragreichsten Gebiete der Erde“.

[4] Landwirtschaft in der gemäßigten Zone.

WEBCODE: MZ652471-029

In der kalten Zone

Wie hat sich das Leben der Menschen dort verändert?

[1] Siedlung an der Westküste Grönlands.

[3] Inuitfrau bei der Robbenfellverarbeitung.

Die Inuit in Nordamerika

„Inuit" nennen sich die Ureinwohner im Norden Nordamerikas, das bedeutet „Mensch". Früher bezeichnete man sie als „Eskimos". Aber diese Bezeichnung empfinden die Inuit als Beleidigung, denn sie bedeutet „Rohfleischesser".

1. Sammelt euer Vorwissen und beschreibt das Leben in der kalten Zone (Abb. [1–3]).

Wo die etwa 100 000 Inuit leben, ist es das ganze Jahr über so kalt, dass keine Bäume wachsen und kein Getreide angebaut werden kann. Nur Moose und Flechten gedeihen im Sommer. Darum lebten die Inuit früher in einer reinen Jagdkultur.
Die harten Lebensbedingungen machten die Inuit erfinderisch. Während der Jagdzüge im eisigen Winter bauten sie sich Behausungen aus Schneeblöcken. In der Inuitsprache heißt Iglu „das Haus". Den Inuit verdanken wir auch die wetterfeste Jacke mit Kapuze und warmem Futter: den Anorak. Außerdem haben sie das Kajak erfunden.

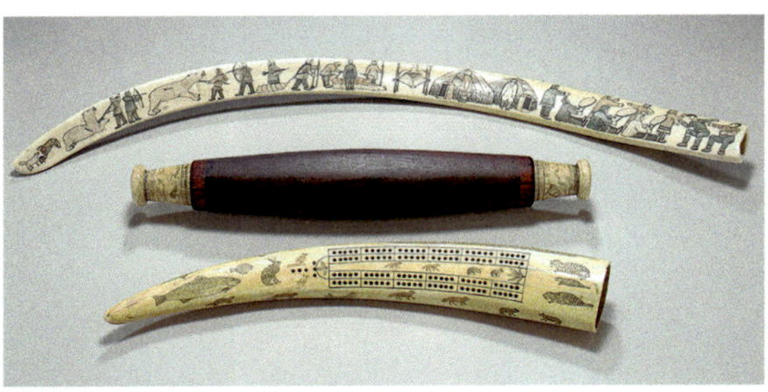

[2] Kunst aus Walrosszähnen.

Leben früher …

Jahrtausende überlebten die Inuit ohne technische Hilfsmittel in Schnee und Eis hauptsächlich als Jäger und Fischer. Es galt ein eingeschränktes Besitzrecht. Alles außer persönlichen Jagdgegenständen und Kleidung wurde als gemeinschaftlicher Besitz betrachtet. Entscheidungen wurden gemeinschaftlich getroffen, es gab keine direkten Anführer. Allerdings gab es immer Mitglieder, die mehr Einfluss hatten als andere: der gute Jäger, die beste Näherin, der beste Fischer. Diesen Status behielt man aber nicht, man musste seine Fähigkeiten immer wieder aufs Neue unter Beweis stellen.

… und heute

Was können sie von ihrem traditionellen Leben für die Zukunft bewahren?
Viele sind in Städte gezogen und haben das ursprüngliche Leben in Eis und Schnee aufgegeben. Sie gehen „normalen" Berufen nach. Andere versuchen, die Traditionen noch am Leben zu erhalten. So zeigen sie Touristen die ursprünglichen Jagdmethoden und verkaufen Souvenirs, die in alter Handwerkskunst hergestellt wurden. Aber der plötzliche Wechsel vom früheren Leben zum heutigen Luxus verlief für die Meisten zu schnell: Überdurchschnittlich viele Inuit sind arbeitslos und haben große Probleme, sich an die heutige Zeit anzupassen. Die unterschiedlichen Einstellungen zum Leben, zur Arbeit und zur Versorgung sind sehr gegensätzlich.

2. Stellt das Leben der Inuit früher und heute in einer Tabelle gegenüber und vergleicht.

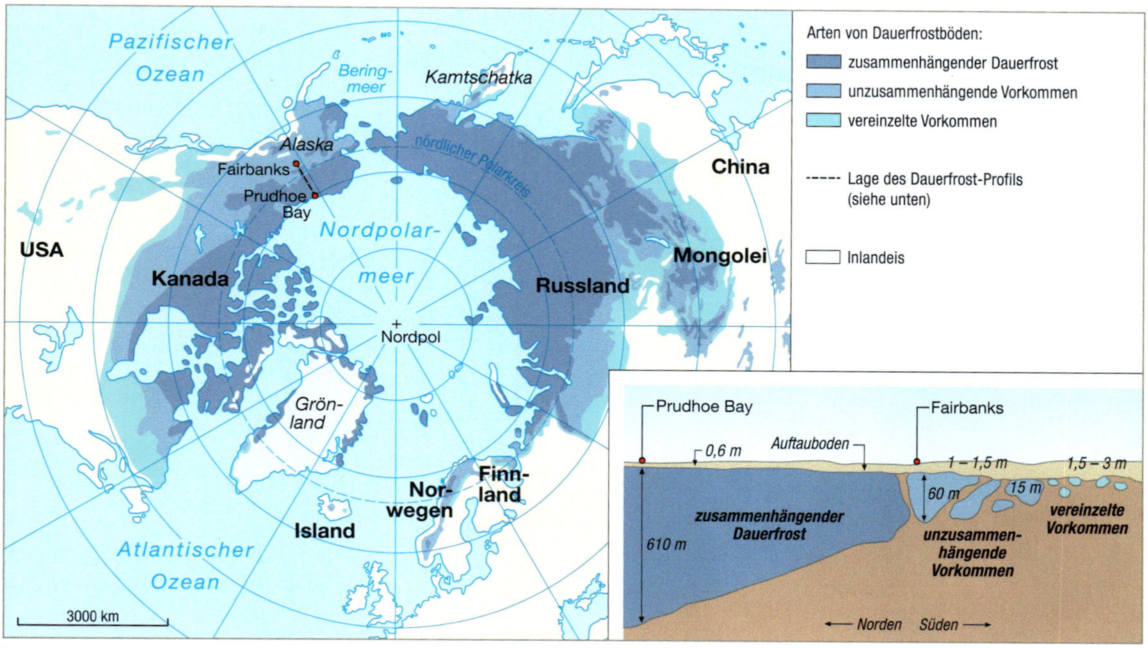

[4] Verbreitung des Dauerfrostbodens auf der Nordhalbkugel.

Völker der kalten Zone: Kirgisen und Mongolen

Es gibt viele Völker, die in dem Bereich der kalten Zone zu Hause sind, wie die Inuit und die Kirgisen. Deren Heimat Kirgisien gehörte früher zur Sowjetunion und liegt weit im Norden. Viele Kirgisen leben heute noch als Reiternomaden in den dünn besiedelten Bergen ihres Landes. Schon die Kinder lernen, wie man in der rauen Natur überlebt und wie man seine Herde vor Wölfen beschützt. Ein weiteres Volk sind die Mongolen, die ihre Heimat, die Mongolei, zwischen Russland und China haben. Der größte Teil des Landes ist eine riesige Grassteppe. Viele Mongolen sind Nomaden und ziehen mit ihren Herden durch das einsame Land, wie es die Menschen schon vor Hunderten von Jahren getan haben. Sie leben mit ihrer Familie in großen Jurten-Zelten oder in den wenigen Städten.

Die Tundra

An die polare Eiswüste schließt sich im Süden die baumlose Tundra an. Obwohl die Wachstumszeit für Pflanzen nur kurz ist, gibt es niedrige Sträucher, Gräser, Moose und Flechten. Sie haben sich an die Kälte und Trockenheit angepasst. In der Polarzone und den nördlichen Bereichen der gemäßigten Zone ist der Untergrund seit Tausenden Jahren ständig gefroren. Der Boden taut nur in den Sommermonaten für kurze Zeit oberflächlich auf. Ein solcher Boden wird Dauerfrostboden oder Permafrostboden genannt.

3. Beschreibt die Begriffe Tundra und Permafrostboden mit eigenen Worten.

Wählt einen der folgenden Arbeitsaufträge aus:

- ⚀ Nennt die Länder, die einen Anteil am Permafrostboden haben (Karte [4]).
- ⚁ Überlegt gemeinsam und begründet, warum es möglich ist, im Permafrostboden noch eingefrorene Mammuts zu finden.
- ⚂ Gestaltet ein Lernplakat über Völker der kalten Zone.

Was ihr noch tun könnt …

- Bildet Gruppen und stellt in einer Wandzeitung „Früher“ und „Heute“ gegenüber. Teilt die Themen Wohnen, Berufe, Fortbewegung, Leben Jugendlicher … unter euch auf.

WEBCODE: MZ652471-031

Wahlseite

Das Mammutbaby Ljuba

1. Informiert euch auf dieser Seite über das Mammutbaby Ljuba.
2. Präsentiert eure Ergebnisse in geeigneter Form in der Klasse.

[1] Mammutbaby Ljuba aus Sibirien.

Die Sensation

2007 machte ein Rentierzüchter vom Volk der Nenzen den Fund seines Lebens: Er entdeckte den hervorragend erhaltenen Körper eines vier bis fünf Monate alten Mammutbabys, das vor **37 000 Jahren** in einem Fluss im Jamal-Gebiet jenseits des **Polarkreises** gestorben war. Die 50 Kilogramm schwere Ljuba – benannt nach der Ehefrau des Rentierzüchters – ist seitdem auf großer Tournee durch die **Forschungslabore der Welt**.

Das Zeitalter der Mammuts

Das Mammut ist vor etwa **5 000 Jahren ausgestorben**. Es lebte mit seinem äußerst dichten und langen Haarkleid in den **Eiswüsten Sibiriens** und war perfekt angepasst an das Leben in frostiger Kälte. 80 % der bisherigen Funde von Mammuts entfallen auf den **Dauerfrostboden, den Permafrost**, in Ostsibirien.

Ljuba, ein Star

Nie zuvor wurde ein **so gut erhaltenes** Mammut gefunden. Nur die Zehennägel, ein Stück vom Schwanz, das rechte Ohr und die Haare fehlten. Der Grund hierfür sind die stabilen Temperaturen des sibirischen Dauerfrostbodens, dessen Untergrund **niemals völlig auftaut** – nur einige Zentimeter der Erdoberfläche tauen für kurze Zeit im Sommer auf. Dadurch wird eine Verwesung von Zellen unmöglich gemacht.

[2] Sibirien mit der Jamal-Halbinsel in Russland.

Tipps für die Erarbeitung:
Ihr könnt beim Lesen die Schritte des Textknackers anwenden. Was habt ihr über Mammuts und die Entdeckung Ljubas erfahren?

Tipps für die Präsentation:
- Auf einer Weltkarte den Fundort zeigen
- Weitere Tiere und Völker nennen, die in der Region leben
- Wirkung des Permafrostbodens beschreiben

WEBCODE: MZ652471-032

Wahlseite

Mischkultur statt Regenwald

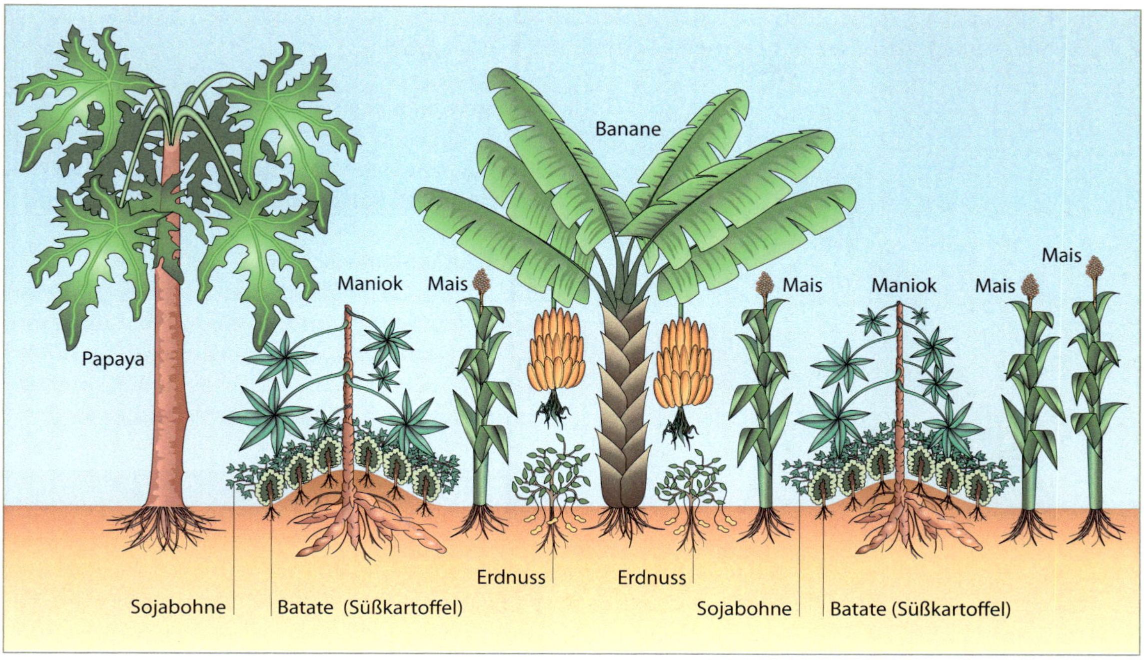

[1] Standortgerechter Anbau in den Gebieten des ehemaligen Regenwaldes.

1. Informiert euch auf dieser Seite über den Regenwald.
2. Präsentiert eure Ergebnisse in geeigneter Form in der Klasse.

Folgen der Regenwaldvernichtung

Der Boden ist ohne die dichte Vegetation schutzlos den starken Regenfällen ausgesetzt. Großflächig wird die fruchtbare obere Bodenschicht abgetragen. Zugleich wird die Erdoberfläche ohne den Bewuchs mit Pflanzen stark erhitzt. Sie wird wie in einem Ofen „gebacken" und ist für den Anbau ungeeignet.

Etwa drei Viertel der Niederschläge in den Gebieten des tropischen Regenwaldes entstehen durch die Verdunstung aus dem Regenwald selbst. Mit der Zerstörung großer Waldgebiete fließen immer größere Teile des Niederschlages sofort in die Flüsse ab. Zugleich regnet es jedoch immer weniger, das Klima wird trockener.

Mischkultur als Lösung?

Der Wanderfeldbau ist im tropischen Regenwald nur für die Selbstversorgung der dort lebenden Menschen sinnvoll. Eine Ertragssteigerung für die Ansprüche der wachsenden Bevölkerungszahl ist damit nicht möglich. Ein Lösungsversuch der angepassten Nutzung ehemaliger Flächen mit tropischem Regenwald ist die Mischkultur. Dabei handelt es sich um den Versuch, bei der landwirtschaftlichen Nutzung die Verhältnisse im ehemaligen tropischen Regenwald „nachzubilden". So soll eine Mischkultur mit dem Anbau von Kulturpflanzen in unterschiedlichen Höhen den verschiedenen Stockwerken des Regenwaldes entsprechen. Eine sogenannte „Humuswirtschaft" soll dafür sorgen, dass die Böden gut durchwurzelt sind und damit weniger anfällig für Erosion werden. Außerdem kann die Humusschicht die Nährstoffe binden und diese den Pflanzen zur Verfügung stellen.

Tipps für die Erarbeitung:
- Die Folgen der Regenwaldzerstörung in Stichworten notieren
- Verschiedene Anbaupflanzen nennen und ihre Verwendung erklären

Tipps für die Präsentation:
- Anhand der Abbildung oben die Ziele der Mischkultur verdeutlichen

WEBCODE: MZ652471-033

Wahlseite Das Volk der Samen

1. Informiert euch auf dieser Seite über das Leben der Samen in ihrem Siedlungsgebiet Sápmi.
2. Präsentiert eure Ergebnisse in geeigneter Form in der Klasse.

[1] Same mit Rentier.

Das Volk der Samen (früher: Lappen)
Im Norden Skandinaviens, in Sápmi (früher: Lappland), leben etwa 200 000 Samen, das ist der Name dieses indigenen Volkes, den sie sich selbst geben. Sie leben von der Jagd, vom Fischfang und von ihren riesigen Rentierherden. Samen sind Menschen, die ganz in der Natur leben, in Norwegen, Schweden, Finnland und Russland. Sie wohnen in Zelten oder Holzhäusern, verkaufen selbstgemachte Handarbeiten und leben ihre besondere Kultur, die man nicht nur an ihrer Kleidung und Musik erkennt.

Rentiere als Begleiter
Rentiere sind für die Menschen sehr nützlich, sie geben ihnen Milch und Fleisch und liefern Fell für ihre Kleidung. Allerdings wandern auch Rentiere gerne, die als Haustiere genutzt werden, und so müssen ihre Besitzer immer mit ihnen ziehen. Viele leben darum in Zelten, die sich leicht auf- und wieder abbauen lassen.

Eingebauter Schneeschuh
Trotz ihres Gewichts laufen Rentiere mühelos über tiefen Schnee und brechen dabei nicht ein. Das liegt an ihren Hufen. Die sind breit und flach und lassen sich weit auseinander spreizen. So funktionieren sie wie Schneeschuhe.

[2] Rentier.

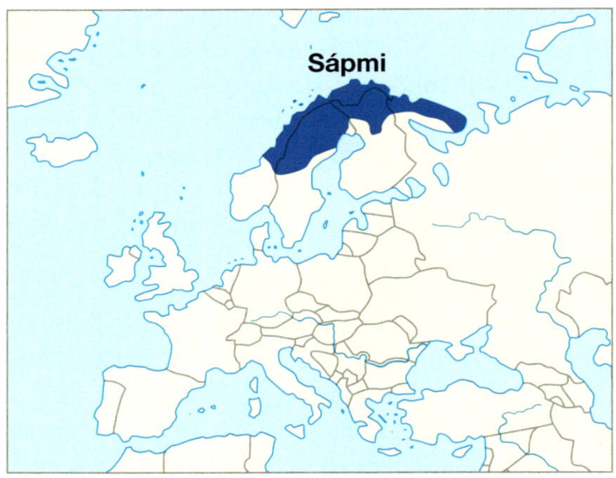

[3] Das Siedlungsgebiet der Samen – Sápmi.

Tipps für die Erarbeitung:
– Die Lebensweise der Samen darstellen

Tipps für die Präsentation:
– Mit einer Europakarte arbeiten
– Sápmi auf einer Karte zeigen
– Über Menschen und Tiere berichten

WEBCODE: MZ652471-034

Wahlseite Höhenstufen

1. Informiert euch auf dieser Seite über Höhenstufen.
2. Präsentiert eure Ergebnisse in geeigneter Form in der Klasse.

[1] Blick auf den Kilimandscharo. *Foto, 2012.*

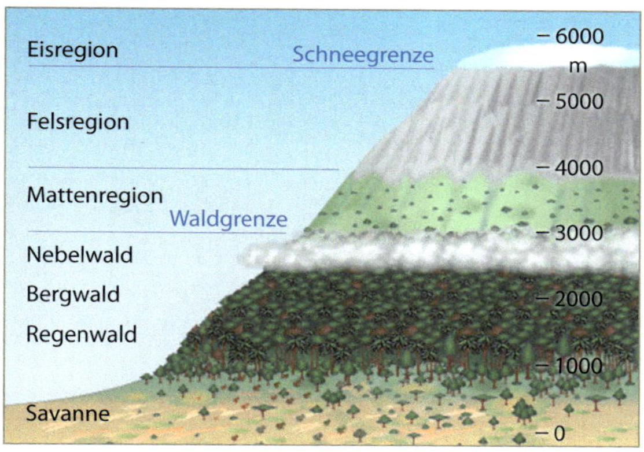

[2] Höhenstufen des Kilimandscharo.

Höhenstufen

Der Kilimandscharo ist mit 5895 Metern der höchste Berg Afrikas. Auf seinem Gipfel liegt Schnee, obwohl er am Äquator liegt. So wie vom Äquator zu den Polen eine Temperaturabnahme erfolgt, verändern sich auch die Temperaturen mit der Höhe. Auf je 100 Meter Höhe nimmt die Temperatur um etwa 0,6 °C ab. Dadurch bilden sich Höhenstufen aus, die sich in Klima, Vegetation und landwirtschaftlicher Nutzung unterscheiden.

[3] **Bericht über eine Bergtour zum Gipfel des Kilimandscharo**

Nach wochenlanger Vorbereitung sind wir am Fuße des Kilimandscharo angekommen. Der Bergort Marangu, der von Kaffee- und Bananensträuchern umgeben ist, liegt auf etwa 1400 Metern Höhe und ist der Ausgangs- und Zielpunkt unserer Tour.

Am ersten Tag stehen wir früh auf, um der Tageshitze zu entgehen. Das Thermometer zeigt um 4 Uhr bereits 20 °C. Unser Marsch führt uns im Nebel durch dichten Regenwald mit Moosen, meterhohen Farnen und lang herunterhängenden Bartflechten. Wir erreichen unser Tagesziel, die Mandara-Hütten auf etwa 2700 m. Das Thermometer zeigt 11 °C.

Die zweite Etappe unserer Tour führt uns durch eine Landschaft mit Gräsern und Heidesträuchern. Diese Sträucher werden bis zu drei Meter hoch, sind immergrün und zum Teil sehr verzweigt. Wir sehen die ersten Riesenlobelien. Auf etwa 3780 m erreichen wir die Horombo-Hütten. In der Sonne sind es 18 °C, nachts friert es.

Abmarsch zur dritten Etappe, die uns über Felsen und Geröll, einzeln stehende Grasbüschel und Moose zur Kibo-Hütte, auf etwa 4700 m führt. Das Thermometer ist stetig gefallen. Es zeigt nur noch 5 °C. In der frostigen Nacht und durch den Sauerstoffmangel in der Höhenluft schlafen wir nur wenig.

Die letzte Etappe beginnt kurz nach Mitternacht bei –8 °C. Wir sind jetzt beim Gletscher, und der Aufstieg wird immer mühsamer. Da es leicht schneit, kommen wir nur langsam voran. Bei Sonnenaufgang stehen wir staunend am Kraterrand des Kilimandscharo und überblicken den gleichnamigen Nationalpark.

Nur jeder zweite Bergsteiger erreicht den Gipfel des Kilimandscharo. Viele erkranken durch den Sauerstoffmangel an der gefürchteten Höhenkrankheit, benötigen ärztliche Hilfe und müssen sofort wieder absteigen.

(Autorentext nach Berichten)

Tipps für die Erarbeitung:
- Auf einer Wandkarte Afrikas den Kilimandscharo zeigen

Tipps für die Präsentation:
- Eine große Umrissskizze mit einem Höhenstufenprofil des Kilimandscharo erstellen
- Während des Vortrages dort die Höhenstufen eintragen

WEBCODE: MZ652471-035

Erdkunde aktiv

In diesem Kapitel habt ihr viel über das Leben in verschiedenen Landschaftszonen erfahren. Diese Seite ist für alle, die das Thema besonders interessiert und die gern selbst etwas ausprobieren.
Ihr könnt die Anregungen in oder außerhalb der Schule, zu zweit oder in der Gruppe verwirklichen.
Denkt auch daran, euer Portfolio zu führen:

- gelungene Ergebnisse in Text und Bild sammeln,
- Lernerfahrungen zum Thema „Landschaftszonen“ aufschreiben.

Artesischer Brunnen

Was ihr für das Experiment braucht, seht ihr in der Grafik rechts.
Montiert die Trichterhalterungen auf gleicher Höhe an die Stative und setzt die Trichter ein. Zieht die Enden des Schlauchs über den jeweiligen Trichterauslauf. Bohrt ein kleines Loch in die Mitte des Schlauchs und verschließt es mit einem Zahnstocher. Füllt Wasser in die Trichter und entfernt den Zahnstocher. Was passiert?

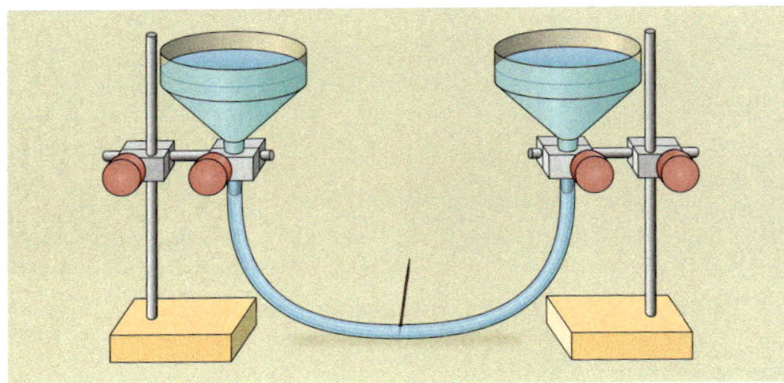

Eis

Ihr benötigt dafür zwei Gefrierdosen aus Plastik, destilliertes Wasser (Supermarkt), Mineralwasser mit Kohlensäure und etwas Geduld.
Füllt eine der Plastikdosen bis etwa zur Hälfte mit destilliertem Wasser, die andere Gefrierdose ebenfalls etwa zur Hälfte mit Mineralwasser.
Stellt beide Gefäße über Nacht in das Gefrierfach des Kühlschranks oder in die Tiefkühltruhe. Nehmt am nächsten Morgen die Eisblöcke aus den Gefrierdosen. Vergleicht das Aussehen der Eisblöcke. Was stellt ihr fest?

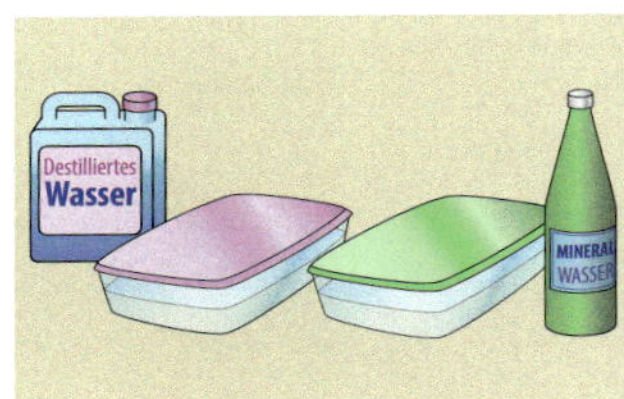

Brötchen der Wüstenbewohner

Zutaten:
250 ml warmes Wasser,
ein Tütchen Trockenhefe,
sechs Teelöffel Honig,
500 Gramm Mehl,
ein Teelöffel Salz

Zubereitung:
Gießt das warme Wasser in ein Glas. Löst darin Hefe und Honig auf.
Füllt das Mehl in eine Schüssel. Gebt das Salz und das Gemisch aus Wasser, Hefe und Honig hinzu. Knetet das Ganze zu einem Teig. Und zwar so lange, bis der Teig nicht mehr an den Fingern klebt. Im Notfall noch etwas Mehl hinzufügen.
Formt aus dem Teig Bällchen (etwa so groß wie Tischtennisbälle). Verteilt diese Bällchen auf einem Backblech, das ihr mit Backpapier ausgelegt habt.
Die Bällchen auf dem Backblech müssen jetzt eine halbe Stunde ruhen.
Stellt den Backofen an und wartet, bis er auf 200 Grad aufgeheizt ist. Schiebt das Backblech dann vorsichtig in den Ofen. Nach 15 bis 20 Minuten könnt ihr die fertigen Brötchen aus dem Backofen nehmen. Sie schmecken am besten, wenn sie noch warm sind.

WEBCODE: MZ652471-036

Das kann ich!

[1] **Wichtige Begriffe:**

Klimazonen Vegetationszonen Landschaftszonen
Tropen Wendekreise Jahreszeiten
Savannen Höhenstufen Subtropen Anbaugrenzen

[2] **Klimadiagramme und Landschaftsfotos**

1
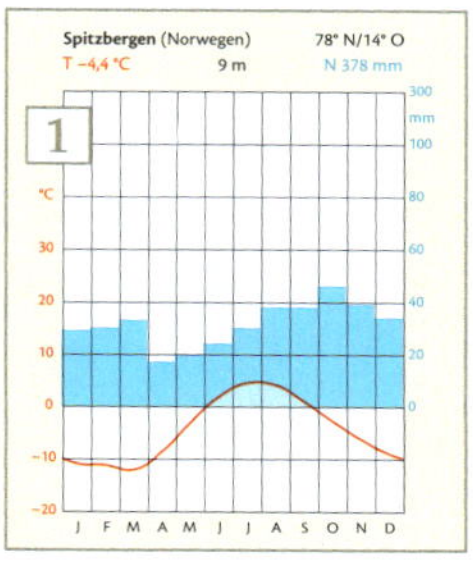

A

2
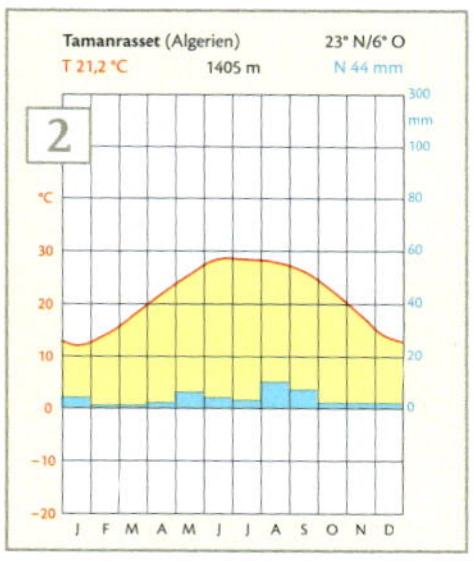

B

3
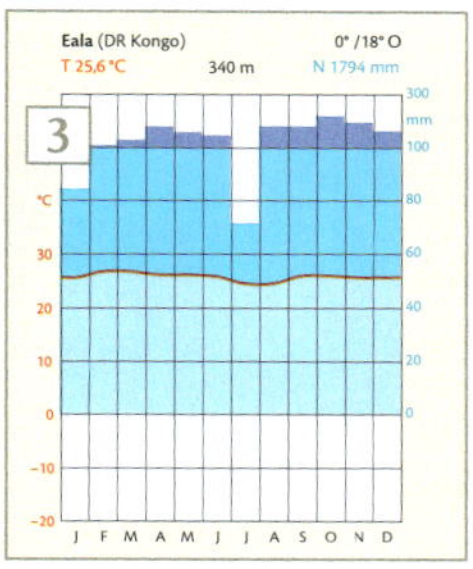

C

[3] **Klimawerte für London und Kiew**

London	1	2	3	4	5	6	7	8	9	10	11	12	⌀
Temp. in °C	4,9	5	7,2	9,7	13,1	16,6	18,7	18,2	15,5	11,6	7,7	5,6	**11,2**
Nieder. in mm	56	39	46	45	49	50	48	53	56	60	61	58	**621**
Kiew	1	2	3	4	5	6	7	8	9	10	11	12	⌀
Temp. in °C	−5,3	−4,2	0,7	8,7	15,3	18,2	19,2	18,5	13,9	8,0	2,1	−2,2	**7,8**
Nieder. in mm	46	46	38	48	52	69	87	67	43	39	50	47	**832**

Orientierungskompetenz

1. Findet die verschiedenen Klimazonen auf einer geeigneten Atlaskarte und benennt sie.

Analysekompetenz

2. Erklärt, warum es in Deutschland vier Jahreszeiten gibt.
3. Ordnet die Klimadiagramme (1–3) den Klimazonen (A–C) aus Abbildung [2] zu. Begründet eure Entscheidung!
4. Bildet Sätze mit den Begriffen aus [1]. Schreibt jeweils kurze Erklärungen.

Urteilskompetenz

5. Begründet, warum die gemäßigte Zone ein landwirtschaftlich geeigneter Raum ist.
6. Erläutert den Unterschied von Tageszeitenklima und Jahreszeitenklima.
7. Beurteilt die Folgen für das Klima und die Menschen, die sich durch die Abholzung des Regenwaldes ergeben.

Handlungskompetenz

8. Erstellt ein Pflanzenlexikon über Pflanzen in der Savanne. Findet Bilder und verfasst zu jeder Pflanze einen Steckbrief.

Methodenkompetenz

9. Zeichnet mithilfe der Werte in Tabelle [3] ein Klimadiagramm zu London oder Kiew. Vergleicht anschließend die Diagramme.
10. Erstellt ein Wirkungsgefüge über die Funktionen und die Nutzung des Regenwaldes.

Kräfte der Natur

Ein Vulkan bricht aus

Menschen fliehen in einem Auto vor einer Wolke aus Staub, Gasen und Gestein. Die Wolke ist etwa 300°C heiß und sie bewegt sich mit ca. 100 Kilometern pro Stunde ins Tal.

1. Beschreibt das Bild und geht auf die Stimmung ein, die es vermittelt.
2. Stellt an der Tafel dar, was ihr bereits über Vulkane wisst.

Schauplatz

Ein Vulkan bricht aus

[1] Der Merapi ist aktiv. *Foto, 2010.*

[2] Viele Menschen müssen bei einem Ausbruch des Merapi ihre Dörfer verlassen. *Foto, 2010.*

[3] Am Merapi nach dem Ausbruch. *Foto, 2010.*

1. Beschreibt die Abbildungen [1] bis [3].

Der Merapi in Indonesien

Der Merapi ist einer der aktivsten Vulkane der Erde. Anfang November 2010 sahen die Anwohner Rauchschwaden, die aus dem Vulkan aufstiegen. In den folgenden Wochen wurden zahlreiche kleinere Erdbeben gemessen. Schließlich wurden etwa 20 000 Menschen in Sicherheit gebracht (evakuiert). Viele Menschen wollten ihre Häuser und ihr Hab und Gut nicht zurücklassen. Der 42-jährige Khan berichtet: „Als der Vulkan ausbrach, waren viele Menschen noch in ihren Häusern. Sie hatten keine Chance, der heißen Wolke zu entfliehen. Es gab viele Tote und Verletzte. Wir verloren unser Vieh, unsere Häuser und die Felder. Jetzt leben wir in Notunterkünften und werden von Soldaten versorgt, denn wir haben ja nun nichts mehr."
Bei mehreren Ausbrüchen des Merapi im Jahr 2010 wurden Geröll und Asche bis zu vier Kilometer hoch in die Luft geschleudert. Besonders gefährlich bei einer Eruption, also einem vulkanischen Ausbruch, sind die vom Vulkan abgehenden Lawinen aus heißer Asche, Gasen und Gesteinsstücken, wie am Merapi, die über 100 km/h schnell und zwischen 200 und 700 Grad heiß sind.

2. Schildert den Ausbruch des Merapi und die Folgen für die Bevölkerung.

pyroklastischer Strom ist eine über 100 km/h schnelle und zwischen 200 und 700 Grad heiße, vom Vulkan abgehende Lawine aus heißer Asche, Gasen und Gesteinsstücken.

Evakuierung ist die Räumung eines Gebiets von Menschen.

Eruption ist ein vulkanischer Ausbruch von Lava, Gas, Dampf oder Asche.

Vulkantypen

Im Allgemeinen werden zwei Vulkantypen unterschieden:
Beim **Schichtvulkan** gibt es einen zentralen Eruptionsschlot, aus dem glutflüssige Gesteinsschmelze (Lava) und festes Gestein ausgeworfen werden. Das ausgeworfene Material lagert sich schichtweise um den Schlot herum an und bildet durch wiederholte Ausbrüche kegelförmige Hänge, in der Regel mit einem kleinen Krater in der Mitte.
Schildvulkane entstehen meist an durch Spannung aufgerissenen Bereichen der Erdkruste, in denen sich das dünnflüssige Magma (gashaltige Gesteinsschmelze aus tieferen Teilen der Erdkruste) seinen Weg bahnen kann. Schildvulkane sind demzufolge flach und weisen nur eine geringe Hangneigung auf. Mittelozeanische Rücken, wie der, auf dem Island liegt, sind typische Stellen solcher Aktivität.

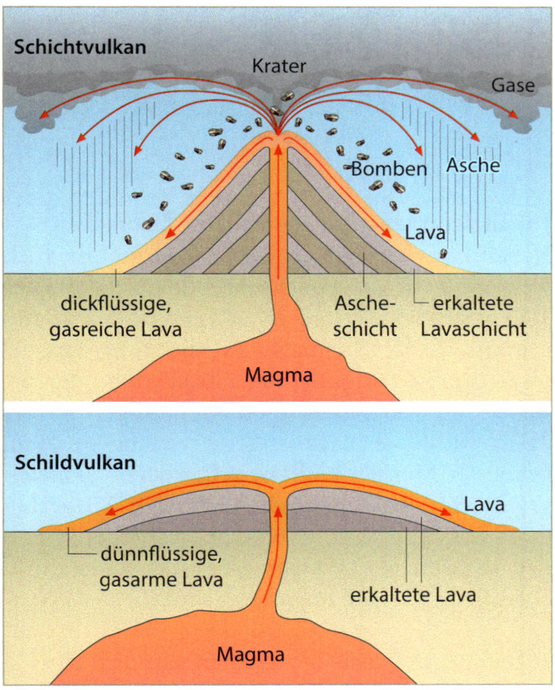

[4] Vulkantypen.

3. Vergleicht die beiden Vulkantypen in Abbildung [4] und beschreibt mithilfe des Textes.

Vulkane – „Fluch und Segen"

[5] Reisanbau auf fruchtbaren Böden in Vulkannähe. *Foto, 2015.*

Bei dem Gedanken an Vulkane hat man oft Bilder von großer Zerstörung vor Augen. Allerdings begünstigen Vulkane auch das Leben der Menschen vor Ort.
Für die Landwirtschaft sehr bedeutend ist zum Beispiel die Fruchtbarkeit des Bodens in Vulkannähe. Das vulkanische Gestein enthält viele Mineralien, die gute Böden bieten. Der Anbau in Vulkannähe sorgt für hohe Erträge. Die Gebiete in Vulkannähe sind daher oft dicht besiedelt.
Außerdem kann die oberflächennahe Erdwärme in Vulkannähe zur Energiegewinnung verwendet werden (Geothermie).

4. Erklärt, warum Vulkane gleichzeitig „Fluch und Segen" sein können.

Wählt einen der folgenden Arbeitsaufträge aus:

- ⚀ Zeichnet Grafik (Abb. [4]) vergrößert ab.
- ⚁ Erstellt ein Protestplakat eines Bauern aus der Nähe des Merapi, der nicht evakuiert werden möchte.
- ⚂ Erstellt ein Wirkungsgefüge (Ursache – Wirkung – Folge) für das Leben in Vulkannähe.

Was ihr sonst noch tun könnt …

- Das Internet nutzen und „berühmte" Vulkane stichwortartig vorstellen.

WEBCODE: MZ652471-041

Orientierung

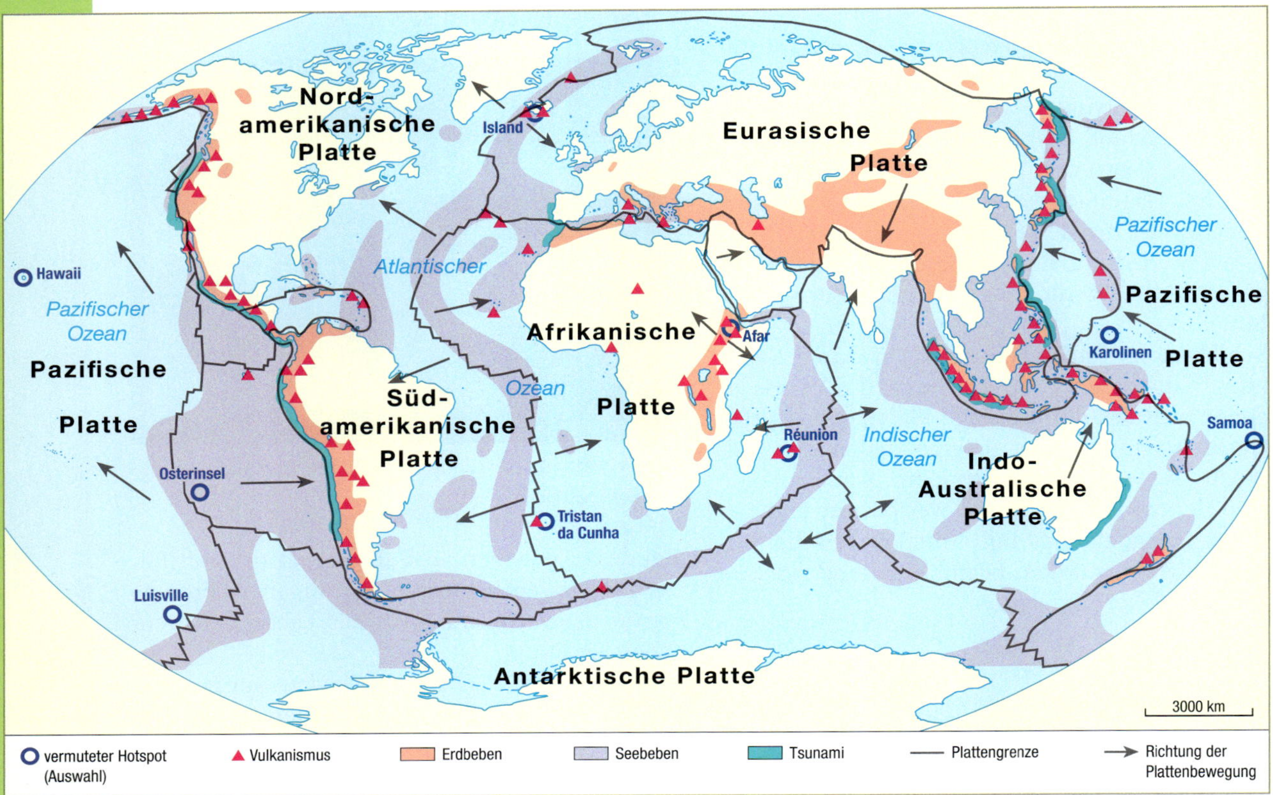

[1] Erdbeben- und Vulkanregionen auf der Erde.

1. Wertet die Karte [1] aus. Wendet dabei den Kartenprofi (Umschlagklappe vorne) an.
2. Wählt einen Vulkan in Bild [1] aus und informiert euch über den letzten großen Ausbruch. Berichtet in der Klasse.

Natürliche Georisiken

Erdbeben, Vulkanausbrüche, Überschwemmungen oder Stürme sind natürliche Georisiken und traten schon immer auf. Oftmals sind sie verbunden mit Todesopfern oder Sachschäden. Manche Gebiete, Länder und Erdteile sind mehr betroffen als andere, was an geologischen Gegebenheiten (Plattengrenzen, Hotspots usw.) oder am Klima liegt. Eines haben diese natürlichen Georisiken aber gemeinsam: Sie entstehen auch ohne die menschlichen Eingriffe in Natur und Umwelt. Man kann sich kaum gegen die natürlichen Georisiken schützen. Sicherheitsvorkehrungen können das Risiko für die Menschen in ihren Lebensräumen aber verringern.

Durch den Menschen verursachte Georisiken

Neben den natürlichen Georisiken gibt es auch Gefahren, für die der Mensch (ganz oder zum Teil) verantwortlich ist. So nehmen Überschwemmungen heute Ausmaße an, die zum Beispiel ohne die Begradigung von Flussläufen oder die Bebauung von Auen deutlich geringer wären. Auch wäre die Lawinengefahr nicht so akut, wenn der Mensch nicht in gefährdeten Gebieten großflächig Wälder gerodet hätte. Die Wüstenbildung würde nicht so rasant voranschreiten, wenn der Mensch den Wasserverbrauch den natürlichen Bedingungen anpassen würde.

3. Nennt Unterschiede zwischen natürlich und anthropogen verursachten Georisiken.
4. Begründet, warum manche Gebiete auf der Erde mehr von Georisiken betroffen sind.
5. Zeichnet einen Zeitstrahl mit den rechts angegebenen Ereignissen in eure Arbeitsmappe.

Beispiele historischer Naturkatastrophen

[2] Ausbruch des Ätna. *Foto 2001.*

- **25.04.2015:**
  Starkes Erdbeben in Nepal; neben großen Teilen der Infrastruktur Nepals wurden auch Weltkulturerbe- und Pilgerstätten zerstört; ca. 7 600 Tote
- **11.02.2011:**
  Starkes Erdbeben vor der Küste Japans mit Folge eines Tsunamis und atomarer Katastrophe in Fukushima
- **27.07.2010:**
  Überschwemmungskatastrophe in Pakistan; mehr als 1 700 Tote
- **26.12.2004:**
  Tsunami als Folge eines Bebens vor Sumatra/Indonesien; ca. 200 000 Tote
- **17.08.1999:**
  Starkes Erdbeben in der Türkei
- **13.11.1985:**
  Schlammlawine nach Ausbruch des Vulkans Nevado del Ruiz in Kolumbien; etwa 22 000 Tote, einige Dörfer wurden vollständig zerstört
- **03.09.1978:**
  Erdbeben in Tailfingen/Albstadt auf der Schwäbischen Alb. Unter anderem schwere Beschädigungen an der Burg Hohenzollern.
- **27./28.09.1976:**
  Starkes Erdbeben in China/Nähe Peking; mindestens 242 000 Tote
- **18.04.1906:**
  Erdbeben in San Francisco gilt als eines der schwersten in den USA; weitgehende Zerstörung der Stadt durch Brände; etwa 3 000 Tote

Kräfte der Natur

Mit folgenden und ähnlichen Fragen beschäftigt sich das Kapitel:
Wie ist die Erde aufgebaut?
Wie entstehen Erdbeben?
Welche Regionen sind durch Naturkatastrophen gefährdet?
Warum brechen Vulkane aus?
Wie funktioniert eine entsprechende Frühwarnung?

Wichtige Kompetenzen in diesem Kapitel

Orientierungskompetenz
- Risikozonen räumlich einordnen

Analysekompetenz
- Entstehung von Erdbeben, Vulkanausbrüchen sowie deren Auswirkungen auf die Lebens- und Wirtschaftsbedingungen der Menschen erklären

Urteilskompetenz
- Georisiken für bestimmte Regionen der Erde beurteilen

Handlungskompetenz
- Geographische Sachverhalte in Präsentationen darstellen und erklären

Methodenkompetenz
- Geographische Modelle herstellen und Präsentationen verwenden
- Experimente durchführen

Die Erdoberfläche im ständigen Wandel

Wie ist die Erde aufgebaut und was verändert ihre Oberfläche?

Hohe Temperaturen im Erdinneren

Die Erde ist vor über vier Milliarden Jahren als glühend heißer Ball aus Gestein und Gasen entstanden. Seitdem hat sie sich an der Oberfläche abgekühlt. Die Erdkruste ist mit 70 bis 100 Kilometern Dicke im Vergleich zu den anderen Erdschalen hauchdünn. Sie schützt vor der extremen Hitze im Erdinneren. Dort herrschen Temperaturen von bis zu 6000 Grad und hoher Druck. Dadurch wird Gestein zu flüssigem, glühenden Magma. Durch den enormen Druck besteht der Erdkern jedoch vermutlich aus festem Metall. Durch die hohen Temperaturen im Erdinneren ist die Erdkruste durch Konvektionsströme ständig in Bewegung. An Bruchstellen der Erdkruste kann sich Magma aus dem Erdinneren den Weg an die Oberfläche bahnen. Tritt das Magma aus, wird es Lava genannt. So entstehen Vulkankegel, Krater und ganze Inseln wie z. B. Hawaii.

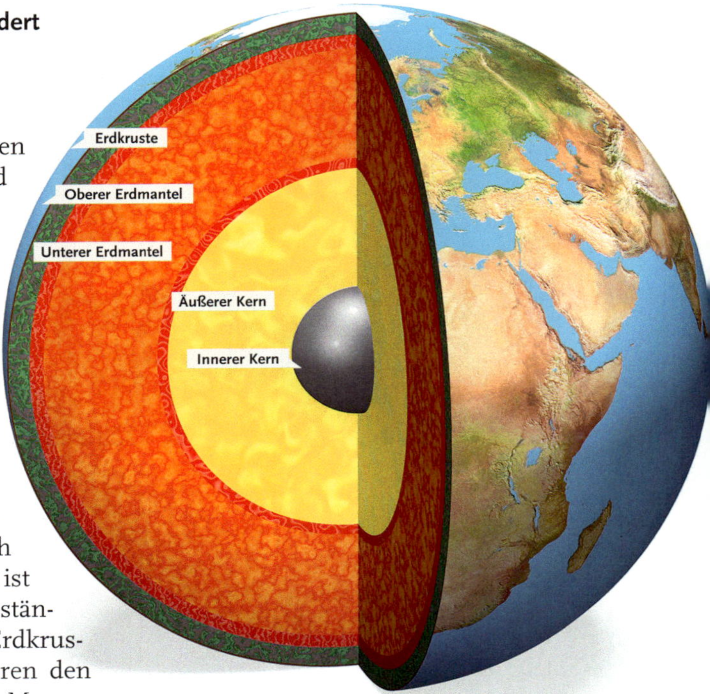

[1] Innerer Aufbau der Erde.

1. Erläutert in eigenen Worten, wie die Erde aufgebaut ist (Abb. [1]).

Endogene Kräfte formen die Erdoberfläche

Die heutige Gestalt der Erde ist im Wesentlichen den Kräften aus dem Erdinneren, den endogenen Kräften zu verdanken. Diese Kräfte lassen die Erde beben, Vulkane ausbrechen oder neues Land entstehen. So zum Beispiel auch 1963 vor der Küste Islands:

Am 14. November 1963 ragte südlich von Island ein kleiner Feuerberg aus dem Meer. Asche und Lava wurden mit lautem Donnern und Grollen bis zu 3000 Meter in die Luft geschleudert, so dass dies von der 120 km entfernten Hauptstadt Reykjavik zu beobachten war. Die Vulkaninsel wuchs durch den Nachschub an vulkanischem Material aus dem Erdinneren schnell. Bereits nach 3 Tagen war Surtsey, wie die Insel genannt wurde, 550 Meter lang und 40 Meter hoch. Nach zwei Jahren hatte sie eine Fläche von 2,7 Quadratkilometern und eine maximale Höhe von 174 Metern. Die Ausbrüche und damit die Vergrößerung Surtseys endeten 1965.

[2] Surtsey wächst aus dem Meer. *Foto, 1963.*

2. Beschreibt, wie die Insel Surtsey entstanden ist.
3. Verdeutlicht, was endogene Kräfte sind und nennt Beispiele dafür.

Endogene Formbildung: Die aus dem Erdinneren heraus wirkenden Kräfte werden endogene Kräfte genannt und zeigen sich am anschaulichsten in Form von Plattenverschiebungen und vulkanischer Tätigkeit.

[3] Exogene Kräfte lassen Surtsey schrumpfen. *Foto, 2013.*

Exogene Kräfte verändern die Erdoberfläche

Mit der Entstehung Surtseys begannen auch die äußeren (exogenen) Kräfte auf die Insel einzuwirken. Der ständige Wellengang, der Wind, Eis und Regen sorgen dafür, dass Gesteinsmaterial abgetragen wird. Dadurch wird die Insel immer kleiner. Heute hat die Insel Surtsey fast die Hälfte ihrer Fläche verloren. Exogene Kräfte sind auch für die Abtragung von Gebirgen oder die Entstehung von Flusstälern verantwortlich. Hauptsächlich wirken die Kräfte Wasser, Wind und Eis. Temperaturschwankungen, Sonneneinstrahlung und Niederschläge wirken auf die Oberflächenformen ein und verändern sie.

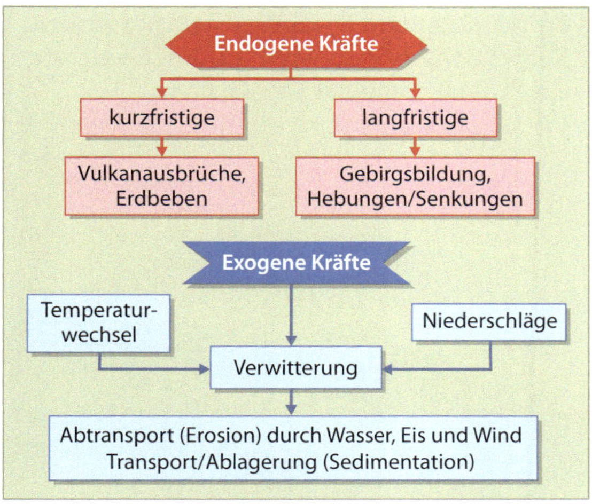

[4] Endogene und exogene Kräfte und ihre Auswirkungen.

Exogene Formbildung: Einwirkende Formungsprozesse werden exogene Kräfte genannt.

[5] In das Rheinische Schiefergebirge „eingeschnittenes" Rheintal bei Bingen. *Foto, 2013.*

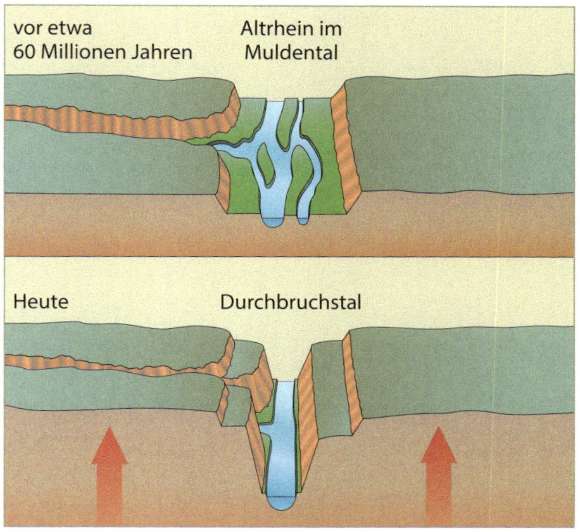

[6] Entstehung des Rheintales am Mittelrhein.

4. Erklärt den Vorgang, der Surtsey zum Schrumpfen bringt.

5. Fasst Schaubild (Abb. [4]) in eigenen Worten zusammen und beschreibt die Unterschiede zwischen den endogenen und den exogenen Kräften der Erde.

Wählt einen der folgenden Arbeitsaufträge aus:

- Erstellt eine Zeichnung zum inneren Aufbau der Erde.
- Erklärt schriftlich was die Ursache für die Veränderungen der Erdkruste ist.
- Erarbeitet ein Lernplakat zu den endogenen und exogenen Kräften auf der Erde.

Kontinente in Bewegung

Was versteht man unter Plattentektonik?

1. Beschreibt die Veränderungen auf den Abbildungen [1].

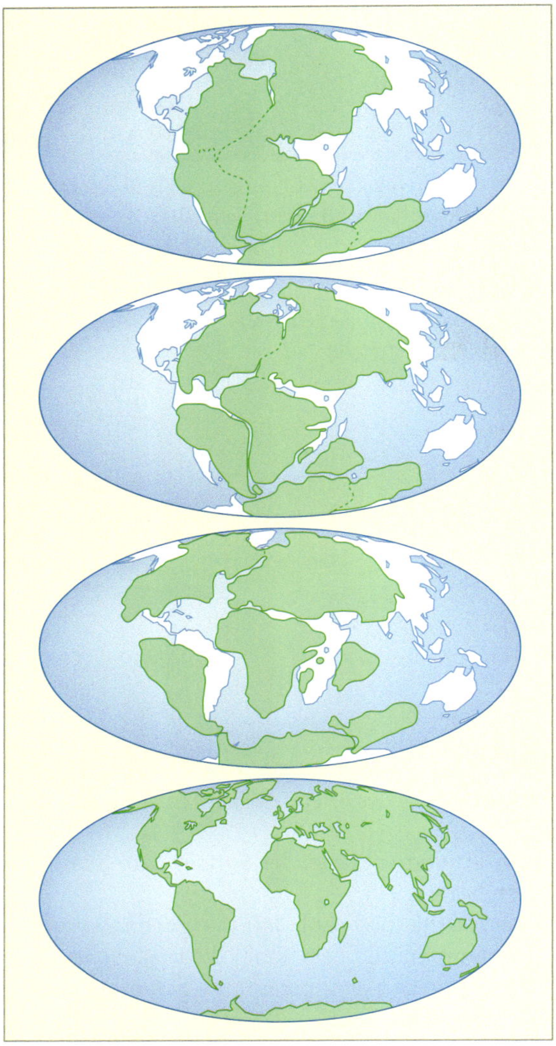

[1] Die Kontinentalverschiebung.

Das neue Bild der Erde

Wer auf einer Weltkarte die Westküste Afrikas und die Ostküste Südamerikas betrachtet, dem fällt auf, dass beide Küsten wie zwei Puzzleteile zusammenpassen. Diese Beobachtung machte 1912 ein Wissenschaftler mit dem Namen Alfred Wegener. Er vermutete, dass sich die Kontinente bewegen würden. Er begründete seine Vermutung damit, dass auf beiden Seiten des Atlantiks in Afrika und Südamerika die gleichen Gesteinsarten sowie Überreste verwandter Pflanzen- und Tierarten (Fossilien) zu finden waren. So entstand die „Theorie der Kontinentalverschiebung", die heute durch viele Beweise belegt ist.
Der heutige Kontinent Amerika wandert sehr langsam westwärts. Würde Kolumbus heute erst auf Entdeckungsreise gehen, so müsste er ungefähr 13 m weiter segeln als noch vor etwa 500 Jahren. Sehr gut ist das Phänomen der Kontinentalverschiebung in Island zu erkennen.

2. Erklärt, warum in Afrika und Südamerika die gleichen Fossilien und Gesteine zu finden sind.

Lithosphäre: Erdkruste, also jener Bereich, der von festen Gesteinen gebildet wird.
Asthenosphäre: Der obere, „weiche" Teil des Erdmantels unter der Erdkruste. Hier wirken Konvektionsströme (Wärmeströme), welche die Plattentektonik in Gang halten.

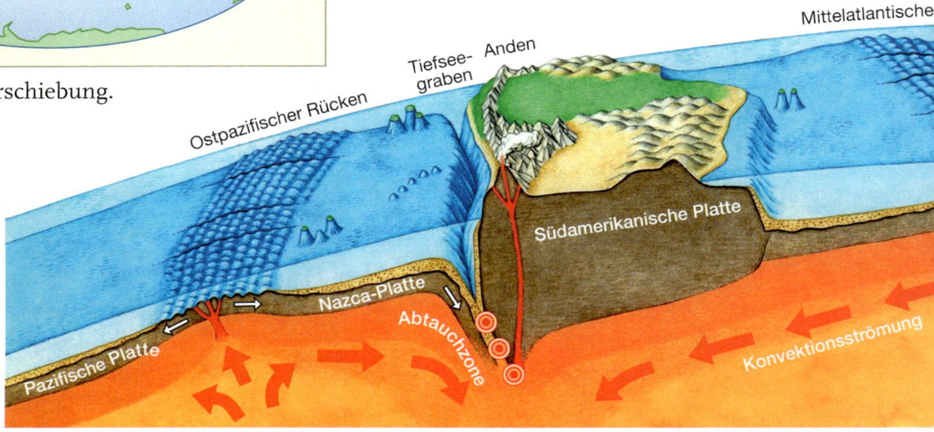

[2] Modell der Plattentektonik.

Plattentektonik

Nach heutigen Erkenntnissen besteht die Erdkruste aus zahlreichen Bruchstücken, die man „Platten“ nennt. Diese Platten schwimmen auf dem flüssigen Gestein des Erdinneren. Konvektionsströmungen im Erdmantel bewirken, dass sich die starren Platten der Erdkruste bewegen.

Die Auswirkungen der Plattenbewegungen lassen sich gut am Beispiel Südamerikas, des Atlantischen Ozeans und Afrikas beobachten.

Unter dem Atlantik strömt geschmolzenes Gestein (Magma) aus dem Erdmantel nach oben und dehnt den Ozeanboden an den Plattengrenzen der Südamerikanischen und der Afrikanischen Platte. Es gelangt mit der Zeit so viel Gesteinsmaterial aus dem Erdinneren an den Meeresgrund, dass Unterwassergebirge entstehen. Diese nennt man Mittelozeanische Rücken. Der Mittelatlantische Rücken ist bis zu 3 000 m hoch und 17 000 Kilometer lang. In der Mitte dieses Rückens werden die Platten stetig durch aufsteigendes Magma auseinandergeschoben. Somit entfernen sich Afrika und Südamerika immer mehr voneinander.

Diesen Vorgang nennt man Sea-Floor-Spreading. An der Westseite wird Südamerika gegen die Nazca-Platte geschoben. Dadurch faltet sich dort ein Gebirge auf, die Anden. Am Meeresboden entstand in Küstennähe ein Tiefseegraben. Das Abtauchen einer Platte unter eine andere bezeichnet man als Subduktion.

3. Beschreibt das Modell der Plattentektonik mithilfe der Abbildung [2] und des Textes.

[3] Brücke auf Island, die die amerikanische mit der eurasischen Erdplatte verbindet. *Foto 2014.*

4. Begründet, warum sich die Erdplatten bewegen.

5. Erklärt, wie der Mittelatlantische Rücken entstanden ist.

Wählt einen der folgenden Arbeitsaufträge aus:

- Findet mithilfe einer Weltkarte heraus, wo sich Mittelozeanische Rücken befinden. Benennt sie und ordnet sie den Weltmeeren zu.
- Erläutert schriftlich mithilfe der Abbildung [2] warum sich die Anden gebildet haben.
- Zeichnet einen Ausschnitt aus dem Modell der Plattentektonik ab und gestaltetein Lernplakat für euer Klassenzimmer.

Was ihr noch tun könnt …

- euch über Alfred Wegener informieren und einen Lebenslauf erstellen.

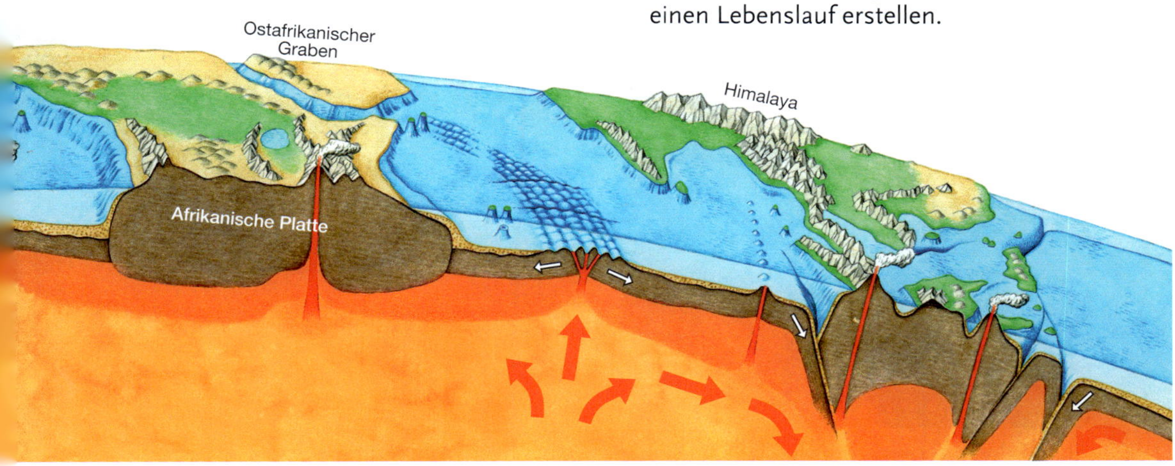

Die Erde bebt

Wie entstehen Erdbeben und Seebeben?

[1] Nach einem Erdbeben in San Francisco 1989.

1. Beschreibt Abbildung [2]. Berücksichtigt dabei das Modell der Plattentektonik.

Erdbeben in Kalifornien

Die Menschen in Kalifornien erleben regelmäßig Erdbeben. Sie leben an der San-Andreas-Verwerfung, einem etwa 1 100 Kilometer langen Riss in der Erdkruste zwischen der Pazifischen und Amerikanischen Erdplatte. Diese Verwerfung ist eine der wenigen Plattengrenzen, die an Land sichtbar sind. Die Erdplatten verschieben sich dort im Jahr durchschnittlich mehrere Zentimeter gegeneinander. Dabei verhaken sie sich und lösen sich ruckartig um bis zu mehrere Meter, wenn die Spannung zu groß wurde: ein Erdbeben entsteht.

[2] Die San-Andreas-Verwerfung. *Luftbild, 2011.*

Am 17. Oktober 1989 bebte die Erde in San Francisco für einige Sekunden während des Hauptberufsverkehrs um 17 Uhr. Das Beben erreichte eine Stärke von 6,9 auf der Richterskala. Mehr als 500 Meter der oberen Fahrbahn einer doppelstöckigen Autobahn stürzten herab und begruben mehr als 200 Autos unter sich. Die Wolkenkratzer hielten dem Beben zwar stand, doch erschlugen herabfallende Fassadenteile mehrere Personen. Die Schäden summierten sich auf etwa sechs Milliarden Dollar.

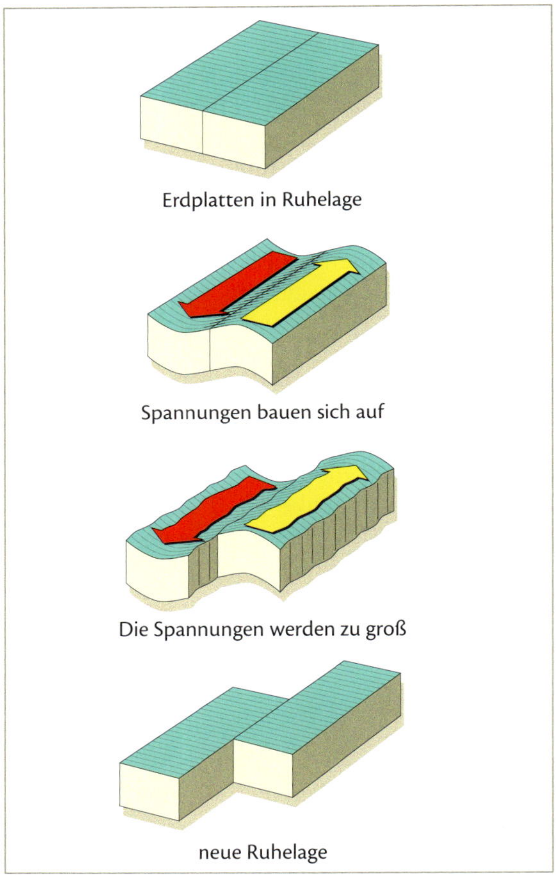

[3] Bewegungen entlang einer Verwerfung (Horizontalverschiebung).

2. Erklärt, was als San-Andreas-Verwerfung bezeichnet wird.

3. Erläutert, wie Erdbeben in Kalifornien entstehen.

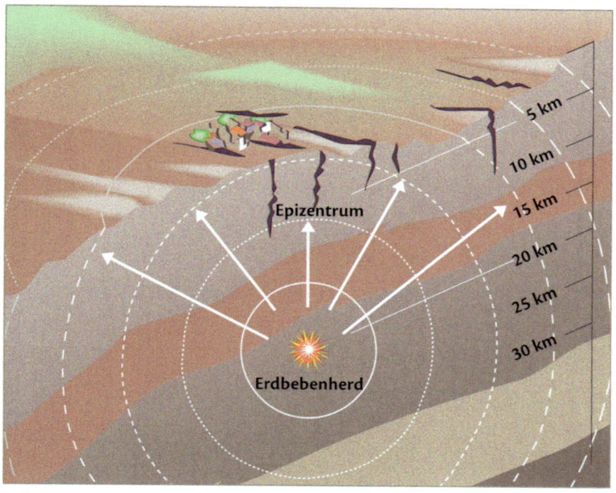

[4] Ausbreitung von Erdbebenwellen.

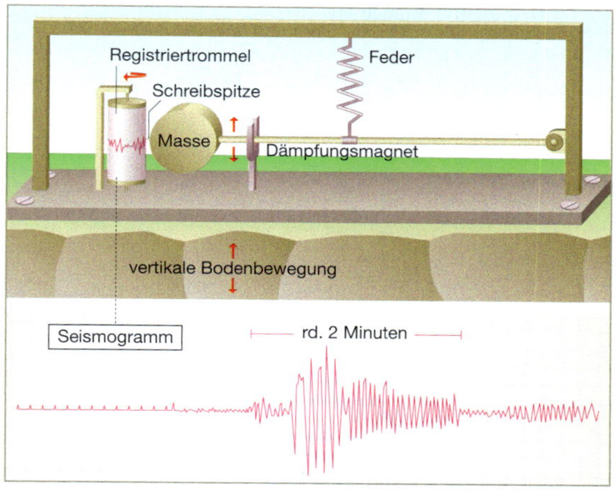

[5] Seismograf und Seismogramm.

Ausbreitung von Erdbebenwellen
Wenn die Erde bebt, breiten sich Erdbebenwellen bis mehrere Hundert Kilometer weit aus. Dort, wo das Erdbeben ausgelöst wurde, befindet sich der Erdbebenherd. Das Gebiet senkrecht darüber auf der Erdoberfläche wird als Epizentrum bezeichnet. Ähnlich wie Schallwellen oder Wellen im Wasser können sich Erdbebenwellen unterschiedlich schnell und unterschiedlich weit ausbreiten. Das hängt unter anderem vom umgebenden Gestein ab.

4. Erläutert die Ausbreitung von Erdbebenwellen. Was ist mit dem Begriff Epizentrum gemeint?

Die nach oben offene Richterskala
Der Unterschied von einer Stufe zur nächsten entspricht dem 10-fachen Wert der vorhergehenden Stufe.

Stärke	Auswirkungen
1 bis 2	Nur durch Instrumente nachweisbar
3	Selten am Bebenherd zu spüren
4 bis 5	Im Umkreis von 30 Kilometern um das Bebenzentrum spürbar, leichte Schäden
6	Mäßiges Beben, Todesopfer und schwere Schäden in dicht besiedelten Regionen
7	Starkes Beben, oft Katastrophen
8	Großbeben; 8,9 war bisher der höchste gemessene Wert

Seismograf und Seismogramm
Meist kündigt sich ein Erdbeben durch kleinere Erschütterungen an. Seismografen zeichnen die Erschütterungen auf. Ein Seismogramm zeigt Dauer und Stärke des Erdbebens an. Erdbebenforscher überwachen die Seismografen und warnen im Ernstfall über die Medien (Rundfunk, Fernsehen) die Bevölkerung. So können in den Sekunden bis zum Eintreffen des Bebens zum Beispiel Fahrstühle angehalten oder Züge gestoppt werden. Erdbebenvorhersagen sind aber noch unsicher und für eine Räumung der betroffenen Gebiete kommen sie häufig zu spät.

5. Beschreibt, wie ein Seismograf funktioniert.
6. Begründet, wieso eine frühe Warnung der Bevölkerung vor Erdbeben wichtig ist.

Wählt einen der folgenden Arbeitsaufträge aus:

- Zeichnet das Modell der Horizontalverschiebung ab und beschreibt.
- Begründet, warum eine genaue Vorhersage eines Erdbebens nicht möglich ist.
- Macht Vorschläge, wie ihr das Thema präsentieren würdet, und entwerft eine Gliederung.

Was ihr noch tun könnt …
- Sammelt mithilfe des Internets Informationen über Erdbeben in Deutschland.

Methode Experimente durchführen

Es gibt viele Möglichkeiten, ein Ergebnis anschaulich zu präsentieren oder einen Sachverhalt darzustellen. Dazu bietet euch diese Doppelseite Vorschläge.
Um die komplizierten Prozesse erklären zu können, die das Gesicht der Erde verändern, können Experimente oder Modelle für eine bessere Anschauung nützlich sein.
Mit wenigen Materialien, die ihr im Baumarkt bekommen könnt, lässt sich das hier beschriebene Vulkanmodell einfach herstellen.

Durchführen von Experimenten:

1. Schritt: Material vorbereiten

- Den geographischen Sachverhalt bestimmen
- Eine Vermutung über den Ausgang des Experiments formulieren
- Materialliste erstellen und Material zusammentragen
- Den Versuchsaufbau erstellen

2. Schritt: Experiment durchführen

- Das Experiment der Reihe nach durchführen
- Währenddessen alle Vorgänge beobachten und schriftlich festhalten

3. Schritt: Experimtent auswerten

- Eine Dokumentation des Experiments anlegen und Skizzen oder Fotos beschriften
- Das Ergebnis des Experiments beschreiben und mit der Ausgangsvermutung vergleichen
- Eine Erklärung formulieren

4. Schritt: Ergebnisse präsentieren

- Den Versuchsablauf und das Ergebnis vor der Klasse präsentieren

divergierende Plattenränder
(= Dehnung)

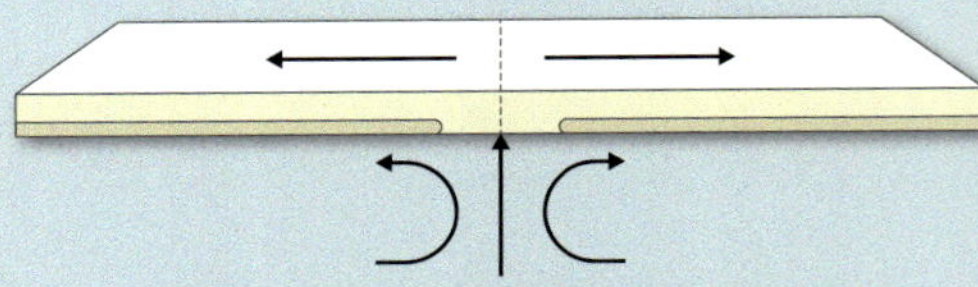

Auseinanderdriften neu gebildeter ozeanischer Kruste

konvergierende Plattenränder
(= Subduktionszone)

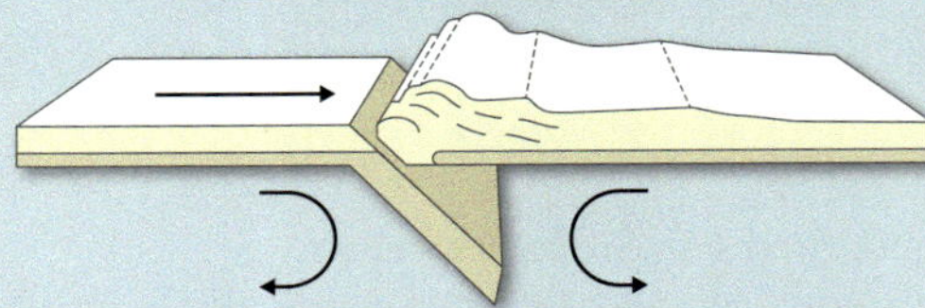

Ozeanische Kruste taucht unter kontinentaler Kruste ab

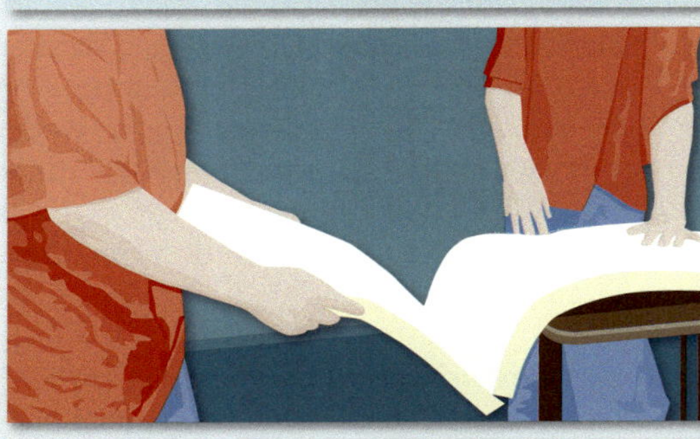

konvergierende Plattenränder
(= Kollision)

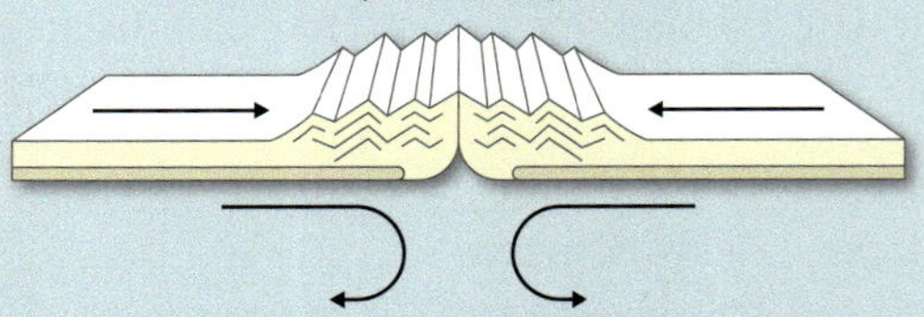

Zwei kontinentale Krusten treffen aufeinander

Transversalverwerfung von Plattenrändern
(= Scherung)

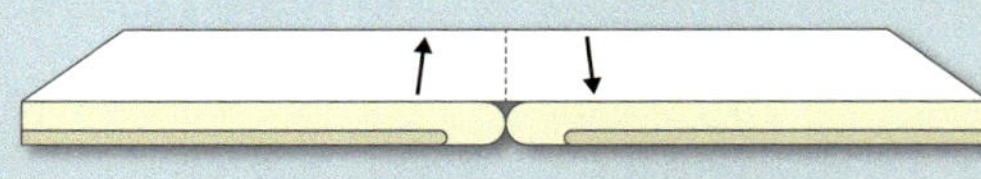

Zwei ozeanische oder kontinentale Krusten verlaufen aneinander vorbei

Beispiel: Ein Vulkanmodell herstellen

Materialliste:

Für das Grundgerüst:	**Für die Farbgestaltung**	**Für die Beschriftung**
– Styroporplatten – Messer – Styroporkleber – Gips	– Plakatfarbe (rot, weiß und schwarz) – Pinsel in verschiedenen Größen	– Pappe – Scheren – Stifte

1. Schritt: Material vorbereiten
- Gute Planung erleichtert die Arbeit. Sorgt dafür, dass ihr alle Materialien aus der Materialliste bereithabt.
- Beschafft euch einen genügend großen Arbeitsbereich, möglichst mit Unterlage, dann müsst ihr nachher nicht so viel reinigen.

2. Schritt: Experiment durchführen
- Zeichnet auf den Styroporplatten mehr oder weniger kreisförmig unterschiedlich große Höhenstufen ein.
- Schneidet diese Platten zu und klebt sie mit dem Styroporkleber übereinander.

- Stellt nach Anleitung auf der Gipspackung eine Masse her, mit der ihr die Kanten ausgleicht und einen gleichmäßigen Berg modelliert.

3. Schritt: Experimtent auswerten
- Bemalt euren Vulkan nach dem Trocknen mithilfe der Plakatfarben. Ihr könnt Schichten und Magmakammern/-gänge einzeichnen.
- Beschriftet nun euren Vulkan sorgfältig. Das liefert euch gleichzeitig eure Stichwörter für eine Präsentation zum Thema Vulkanismus.

4. Schritt: Ergebnisse präsentieren
- Übt eure Präsentation, denn sie sollte möglichst frei vorgetragen und nicht abgelesen werden.
- Denkt daran, euer Modell an den jeweils passenden Stellen in eure Präsentation mit einzubeziehen und Sachverhalte daran zu zeigen.

1. Stellt die Plattenbewegungen mithilfe von Schaumstoffplatten oder Wolldecken nach.
2. Erstellt ein Vulkanmodell mithilfe der Arbeitsschritte auf dieser Seite.

Schutz vor Vulkanausbrüchen und Erdbeben

Wie können sich die Menschen auf Georisiken vorbereiten?

[1] Der Mount St. Helens vor und nach dem Ausbruch.

Ausbruch des Mount St. Helens 1980

Wie der Korken einer Sektflasche wird die Nordflanke des Mount St. Helens plötzlich weggesprengt. Mit mehreren Hundert Kilometern pro Stunde ergießen sich Gestein, Geröll und vulkanische Gase ins Tal. Als sich die Staubwolken nach neun Tagen allmählich legen, zeigt sich das ganze Ausmaß der Katastrophe. Im Umkreis von 15 Kilometern ist kein Baum mehr zu sehen. Eine riesige Lawine aus Geröll, Schlamm und mitgerissenen Baumstämmen hat eine Schneise der Verwüstung geschlagen. Der Berg ist um 500 Meter geschrumpft. Dennoch konnten viele Menschenleben gerettet werden, weil die Umgebung des Vulkans rechtzeitig geräumt wurde.

Beobachtungssysteme

Die meisten aktiven Vulkane der Erde werden ständig überwacht. Fest installierte Messgeräte messen automatisch, ob vermehrt Gase austreten, ob sich die Temperatur im Krater erhöht, ob stärkere Erdbeben zu verzeichnen sind oder ob sich die Oberfläche des Vulkans verformt. Die Daten werden an die Überwachungsstationen gesendet, die sie auswerten und gegebenenfalls Alarm auslösen. Anhand der Daten können die Wissenschaftler zwar feststellen, ob sich die Wahrscheinlichkeit eines Ausbruchs erhöht hat, wann und ob dieser Ausbruch tatsächlich stattfinden wird, lässt sich jedoch nicht sicher vorhersagen. Die einzige kurzfristige Warnung, die

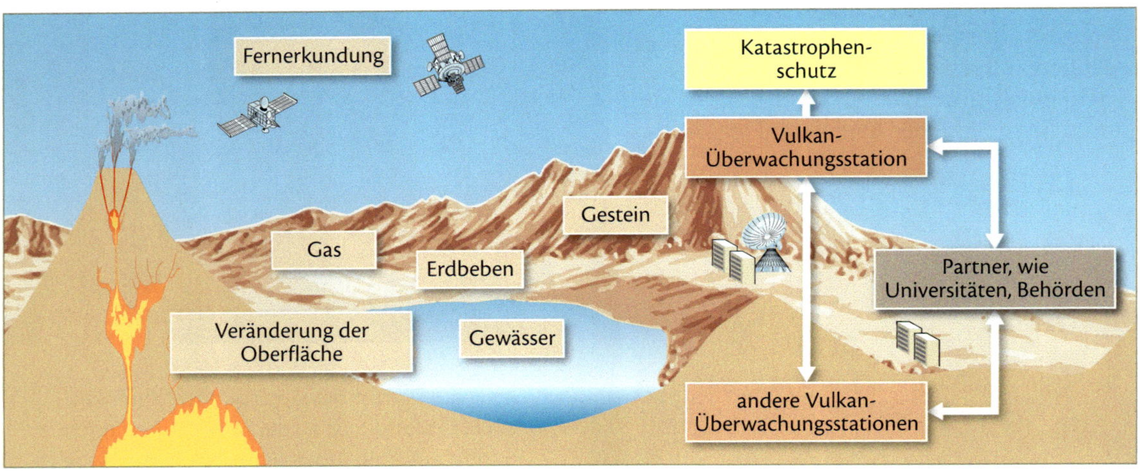

[2] Überwachung von Vulkanen.

heute möglich ist, basiert auf Frühwarnsystemen, die wenige Minuten oder Sekunden vor der größten Zerstörungswucht Alarm schlagen.

1. Stellt anhand eines Fließdiagramms die einzelnen Schritte der Überwachung von Vulkanen dar (Abb. [2]).
2. Erklärt, wie die Menschen in der Umgebung des Mount St. Helens vor der Katastrophe bewahrt werden konnten.

Erdbebensicheres Bauen

Man könnte meinen, ein Hochhaus sei bei einem Erdbeben stärker gefährdet als ein Haus mit wenigen Stockwerken. Nach dem letzten Erdbeben in San Francisco wiesen die niedrigen Häuser allerdings größere Schäden auf als die Wolkenkratzer.

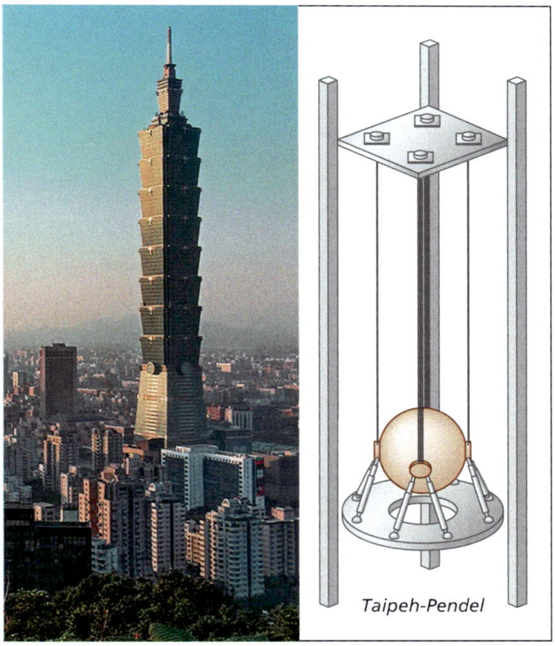

[3] Wolkenkratzer in Taipeh: 508 Meter hoch und „erdbebensicher" gebaut. *Foto, 2013.*

Moderne Hochhäuser bestehen aus Beton und einem Stahlgerüst. Vor allem Querstreben aus Stahl bringen zusätzliche Stabilität. Stahl hat die Eigenschaft, dass er elastisch ist und nicht sofort bricht. Er biegt sich und kehrt in seine Ausgangsposition zurück, was ihm bei Erdbeben einen entscheidenden Vorteil verschafft. Moderne Hochhäuser in erdbebengefährdeten Gebieten werden zudem mit „Stoßdämpfern" gebaut, welche Erschütterungen der Erde abfedern.
Je höher ein Haus gebaut wird, desto größer ist allerdings die Gefahr, dass es von oben zu schwingen beginnt und instabil wird. Daher wurde im obersten Stockwerk des Wolkenkratzers in Taipeh (Abb. [4]) eine tonnenschwere Stahlkugel eingebaut, die mit ihrem Gewicht die Schwingungen verringern soll.

3. Erläutert, warum moderne Hochhäuser verhältnismäßig erdbebensicher sind (Abb. [3]).

Menschen lernen den Umgang mit Naturrisiken

Das Verhalten der Menschen bei nicht vermeidbaren Naturrisiken wie Erdbeben, Vulkanausbrüchen oder Stürmen ist entscheidend für den Erfolg der Schutzmaßnahmen. Regierungen erlassen Bauvorschriften, die Strom- und Gasversorger stoppen die Zufuhr und Fabriken werden im Ernstfall geschlossen. In besonders gefährdeten Gebieten wie in Japan oder in den USA wird das Verhalten bei gefährlichen Naturereignissen in Schulen trainiert. Touristen erhalten bei der Einreise Informationsbroschüren mit Regeln und Hinweisen zu Schutzmaßnahmen. Zudem muss jederzeit eine schnelle Evakuierung und ärztliche Versorgung erfolgen können.

Wählt einen der folgenden Arbeitsaufträge aus:

- Benennt mithilfe einer Tabelle, welche Möglichkeiten von Schutzmaßnahmen bei Naturgefahren wie Vulkanausbrüchen und Erdbeben bestehen.
- Erstellt eine Werbeanzeige, in der ihr die Erdbebensicherheit des Wolkenkratzers in Taipeh hervorhebt.
- Beurteilt die Wirksamkeit der Frühwarnsysteme und Schutzmaßnahmen in von Naturkatastrophen bedrohten Gebieten.

Was ihr noch tun könnt ...

- Informiert euch über Vulkanausbrüche oder Erdbeben des letzten Jahres. Konnte die Bevölkerung rechtzeitig gewarnt werden? Was waren die Folgen des Naturereignisses?

WEBCODE: MZ652471-053

Wüstenarten

Welche Gesichter zeigt eine Wüste?

[1] Wüstenarten und ihr Anteil an der Fläche der Sahara.

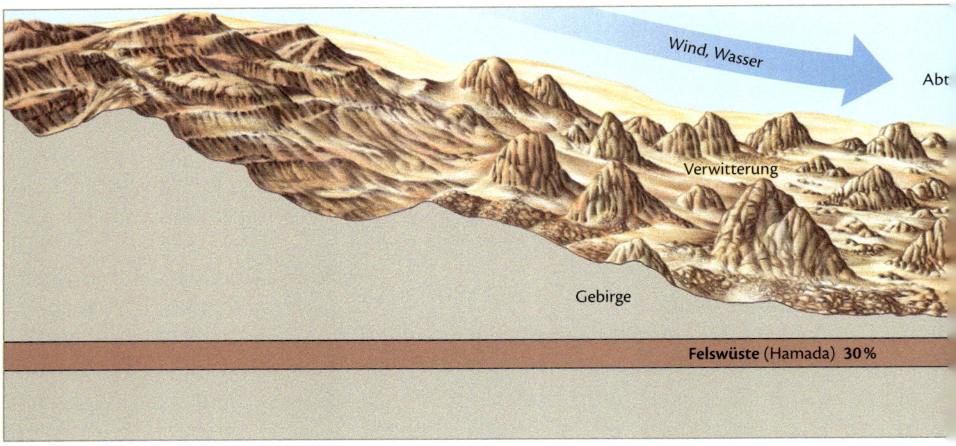

Die Sahara

Die Sahara ist die größte Wüste der Erde. Sie ist etwa 25-mal größer als Deutschland. Wüsten breiten sich dort aus, wo die Niederschläge über sehr lange Zeiträume ausbleiben und die Verdunstungsmenge größer ist als die jährlichen Niederschläge.

Da es in der Wüste keine Wolkendecke gibt, die vor der starken Sonneneinstrahlung schützt, steigen die Temperaturen am Tag oft auf mehr als 50 °C an. Felsplatten und Steine werden auf über 70 °C aufgeheizt.

In der Nacht kühlt die Luft durch die fehlende Wolkendecke stark ab. Manchmal sinken die Temperaturen sogar unter den Gefrierpunkt.

Besonders in Gebirgen betragen die Temperaturunterschiede zwischen Tag und Nacht nicht selten mehr als 40 °C (oder auch 40 Kelvin).

[2] Fels- und Gesteinswüste (Hamada) in Marokko.

[3] Kieswüste (Serir) in Marokko.

1. Beschreibt Abbildung [1].
2. Findet die Wüste Sahara in einem Atlas und bestimmt ihre Ausdehnung von Westen nach Osten und von Norden nach Süden.

Gesichter einer Wüste

Die großen Temperaturunterschiede zwischen Tag und Nacht führen zu Spannungen im Gestein, es verwittert dadurch. Tagsüber dehnt sich das Gestein in der Hitze aus, und wenn es sich nachts wieder abkühlt, zieht es sich zusammen. Dabei entstehen Risse und Felsplatten zerspringen in scharfkantige Stücke.

Auf diese Weise werden die Fels- und Steinwüsten der Sahara gebildet. Diese „Hamada" genannte Wüstenform besteht zum Teil aus gewal-

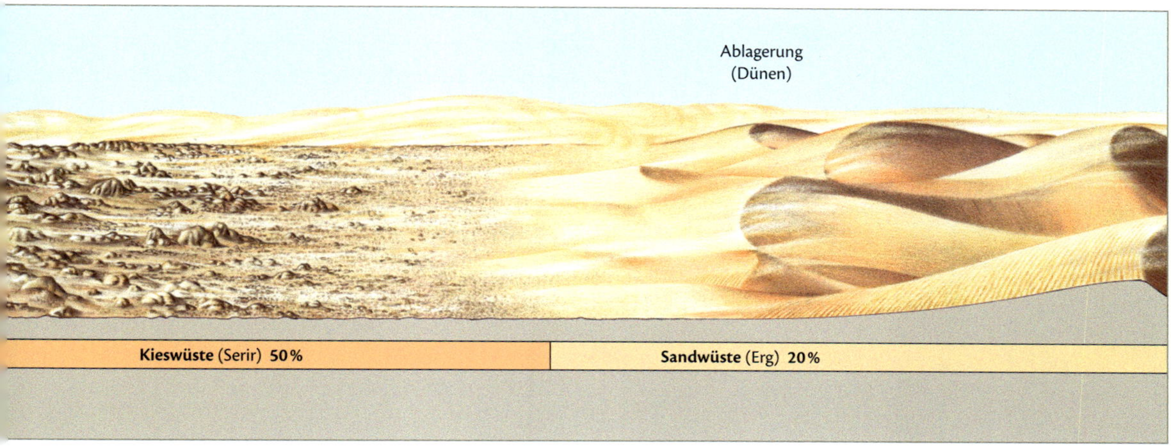

tigen Erhebungen mit blanken Felsen und groben Gesteinstrümmern.
Während der seltenen Regenfälle kann der ausgetrocknete Boden die Wassermengen nicht aufnehmen. Geröll, Kies und Sand werden abgetragen, teilweise über große Strecken transportiert und auf weiten ebenen Flächen abgelagert. So entstehen die Kieswüsten, die Serir genannt werden.
Der feine Sand wird vom Wind ausgeblasen und als Sandwüste (Erg) abgelagert. Die dann entstehenden Dünen können bis zu 300 Meter hoch werden.

[4] Sandwüste (Erg) in Marokko.

3. Erklärt die Entstehung von Hamada, Serir und Erg in eurem Heft.

[5] Wüstenfuchs.

4. Nennt weitere Pflanzen und Tiere als typische Wüstenbewohner.

Wählt einen der folgenden Arbeitsaufträge aus:

- Benennt Merkmale des Klimas in der Sahara.
- Erläutert in einem Text die Wüstenarten, indem die Begriffe „Verwitterung", „Abtragung", „Transport" und „Ablagerung" vorkommen.
- Beurteilt die Auswirkungen der extremen Witterungsbedingungen auf die Anpassungsfähigkeit von Tieren und Pflanzen.

Was ihr noch tun könnt…

- Informiert euch im Internet und im Atlas über das Land Marokko und erstellt eine Reiseroute in der die unterschiedlichen Wüstenarten Berücksichtigung finden.

WEBCODE: MZ652471-055

Formenwandel: Verwitterung und Abtragung

Welche Kräfte formen die Erdoberfläche?

[1] Formgebung durch Wasser (Erosion).

[2] Durch Wind und Wasser geformtes Gestein in Utah, USA.

Wasser und Wind formen die Landschaft

Das Wasser in Bächen, Flüssen und dem Meer, aber auch Regenwasser verändert die Oberfläche der Erde. Die Kraft des fließenden Wassers hängt von der Menge des mitgeführten Wassers und der Fließgeschwindigkeit ab. Je steiler das Gefälle und je größer die Wassermenge ist, desto mehr Material kann das Wasser abtragen. Flüsse graben sich in das Gestein ein und bilden Täler oder Schluchten.

Das abgetragene Gestein wird mitgeführt und auf dem weiteren Weg bis hin zum Meer zerkleinert und abgelagert.

Mechanische Verwitterung

- Durch Temperaturschwankungen: Wenn die Temperatur ansteigt, dehnen sich die verschiedenen Minerale im Gestein unterschiedlich aus. Fällt sie wieder, ziehen sie sich zusammen. Dadurch entstehen Spannungen im Gestein, die zu Rissen führen. Mit der Zeit fallen Gesteinsteile ab und es kommt zu einer allmählichen Zerkleinerung.
- Durch Frostsprengung: Sie ist die wirksamste Art der mechanischen Verwitterung. Wenn Wasser in Ritzen und Spalten des Gesteins dringt und es gefriert, werden Gesteinsteile abgesprengt, da sich das Volumen des Wassers beim Gefrieren vergrößert.

Biologische Verwitterung

- In die Ritzen und Spalten im Gestein können Wurzeln von Pflanzen eindringen. Beim Wachstum der Pflanzen kommt es dann zum Absprengen von Gesteinsteilen.

Chemische Verwitterung

- Sie führt ebenso wie die mechanische Verwitterung zu einer Auflösung des Gesteins. Das Regenwasser, das in die Ritzen und Spalten des Gesteins eindringt, enthält gelöste Stoffe, die das Gestein angreifen können. So kann Kohlendioxid z.B. Kalk auflösen.

[3] Beispiele für Arten der Verwitterung.

Auch der Wind verändert mithilfe der Teilchen, die er mit sich führt, die Landschaft, indem er das Gestein abschleift. Voraussetzung für diesen Vorgang ist eine ausreichende Windstärke und eine große Menge an transportierbarem Material. Dort, wo die Windgeschwindigkeit nachlässt, kommt es zur Ablagerung des vom Wind transportierten lockeren Materials. Dabei können Dünen entstehen, die mehrere Hundert Meter hoch sind.

1. Beschreibt die Abbildungen [1] und [2].
2. Erläutert, wie Wasser und Wind die Landschaft verändern.

Der Kreislauf des Formenwandels

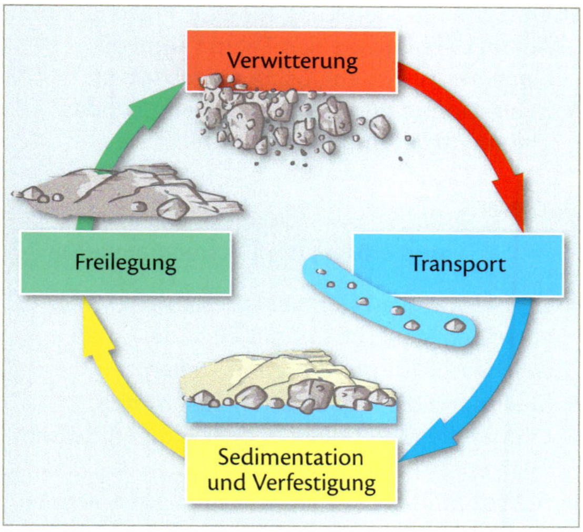

[4] Kreislauf des Formenwandels.

Der Einstieg in einen regelrechten Kreislauf der Formen ist bei den Verwitterungsprozessen möglich. Sie gehören zu den exogenen Kräften. Wind, fließendes Wasser, Gletschereis und Meeresbrandung sorgen für eine fortwährende Abtragung.
Die Flüsse sorgen in der Regel für einen Transport des Abtragungsmaterials vom Abtragungsort bis in die Meere.
Vor allem im Meer werden die Gesteine abgelagert. Der Prozess der Ablagerung wird Sedimentation genannt. Es bilden sich im Laufe von Jahrmillionen mächtige Sedimentschichten. Große Gebiete, auf denen wir uns heute bewegen, bestehen aus Meeressedimenten, die vor Jahrmillionen durch endogene Prozesse wieder über das Niveau des Meeresspiegels angehoben oder durch einen Rückgang des Meeresspiegels freigelegt wurden.
Unmittelbar nach der Freilegung unterliegen die Gebiete erneut der Abtragung durch die exogenen Kräfte.

3. Fasst den Kreislauf des Formenwandels mit eigenen Worten zusammen und beschreibt.
4. Nennt Arten der Verwitterung und beschreibt ihre Ursache (Abb. [3]).

Wählt einen der folgenden Arbeitsaufträge aus:

- Das Ulmer Münster ist in den letzten dreißig Jahren schneller verwittert als in den 300 Jahren davor. Welche Begründung könnt ihr dafür finden (Abb. [3])?
- Erklärt, welche Formungsprozesse in eurer Heimatregion maßgeblich wirksam waren/sind.
- Bewertet den Einfluss der zunehmenden Luftverschmutzung auf die Gebäudesubstanz von Bauwerken.

Was ihr noch tun könnt …

- Sammelt Bilder der unterschiedlichen Großlandschaften in Baden-Württemberg und gestaltet damit eine bebilderte Karte in eurem Klassenzimmer.

[5] Verwitterung an einer Tempelruine.

Methode Eine Präsentation erstellen

Immer wieder werdet ihr im Unterricht aufgefordert werden, Arbeitsergebnisse vorzutragen oder Themen vorzustellen – meist in Form eines Referats oder Kurzvortrags.
Besonders im Erdkundeunterricht wird ein Referat sehr viel anschaulicher, wenn ihr zur Verdeutlichung Fotos, Karten, Diagramme, Grafiken oder auch Modelle einsetzt.
Ein solcher medienunterstützter Vortrag wird Präsentation genannt. Der Einsatz von Medien macht die Präsentation unterhaltsam, abwechslungsreich und besser verständlich.

[1] Erfolgreich präsentieren.

1. Erstellt eine Tabelle zu den Präsentationstechniken (Abb. [2]). Listet jeweils die erforderlichen Geräte und Materialien sowie Beispiele für Einsatzmöglichkeiten auf.
2. Bildet Gruppen und wählt ein Thema aus diesem Kapitel aus. Mögliche Themen könnten sein: Formenwandel an der Erdoberfläche – Die Gesichter der Wüste – Erdbebensicheres Bauen – Die Grundlagen der Plattentektonik – Vulkantypen.
3. Sammelt Material zu eurem Thema und wählt ein geeignetes Präsentationsmedium aus.
4. Stellt eure Präsentation zusammen und führt sie der Klasse vor.

Die folgenden Schritte helfen euch beim Erstellen einer Präsentation:

1. Schritt: Informationen beschaffen

- Besorgt euch zu eurem Thema Informationen, zum Beispiel aus Zeitschriften und Büchern oder aus dem Internet.
- Überlegt euch, welche Informationen zum Thema für die Zuhörer wirklich wichtig sind.
- Achtet darauf, dass die Texte, die ihr auswählt, auch verständlich sind.
- Alle Materialien müssen mit einer Quellenangabe (mit Datum) dokumentiert werden.

2. Schritt: Inhalte gliedern

- Erstellt eine Gliederung für eure Präsentation. Achtet darauf, dass das Thema sinnvoll eingegrenzt und schlüssig aufgebaut ist.
- Sucht einen Einstieg, der neugierig auf das Thema macht und Interesse weckt.

3. Schritt: Präsentationsmedium festlegen und Präsentation zusammenstellen

- Legt fest, welches Präsentationsmedium ihr einsetzen wollt. Das hängt auch davon ab, welche Mittel zur Verfügung stehen.
- Stellt dann die Präsentation zusammen. Ordnet die Materialien in der richtigen Reihenfolge eurem Vortragstext zu.
- Achtet darauf, dass Abbildungen gut erkennbar und Texte oder Diagramme gut lesbar sind.

4. Schritt: Die Präsentation üben

- Übt eure Präsentation, denn sie sollte möglichst frei vorgetragen und nicht abgelesen werden. Behaltet die Zeit im Blick.
- Achtet darauf, dass eure Medien euren Vortrag nur unterstützen sollen. Setzt sie sparsam und an den Stellen ein, an denen es sinnvoll ist.
- Sorgt vor der Präsentation dafür, dass alle Materialien und Medien vorhanden und in der richtigen Ordnung sowie einsatzbereit sind.

ERFOLGREICH PRÄSENTIEREN

Plakat/Wandzeitung

- Überschrift, Thema
- Klarer Aufbau, Gliederung
- Keine Sätze, nur Schlagworte
- Schrift deutlich und groß
- Bilder und Zeichnungen, Farben gezielt einsetzen
- Beim Vortrag nichts verdecken
- Frei sprechen

PowerPoint-Präsentation

- Große Schrift (mindestens 24 pt)
- Klare Gliederung
- Farben vorsichtig einsetzen (z. B. kein greller Hintergrund)
- Wenige, dafür sinnvolle Effekte (Folienübergang, ...)
- Unbedingt vorher proben und mit der Technik vertraut machen

Für jedes Präsentationsmedium gilt

- Weniger ist oft mehr
- Medium muss bei der Präsentation noch aus der letzten Reihe gut zu sehen sein

Overhead-Projektor

- Schriftgröße mindestens 16 pt
- Stichworte, keine langen Sätze
- Große Bilder und Abbildungen
- Keine Abbildungen mit niedriger Auflösung
- Folien sortiert einheften
- Mit Folie arbeiten (z. B. teilweise abdecken, mit Stift zeigen/markieren/eintragen, ...)

Video-Dokumentation

- Sinnvoll schneiden, klarer Ablauf
- Passende Vertonung (Kommentare, O-Ton, Musik, ...)
- Einblendungen (Text, Bilder, ...)
- Angemessene Länge
- Zusammenspiel von Video-Beamer und Video-Recorder vorher testen

Richtig präsentieren

- In Richtung der Zuschauer schauen
- Möglichst frei sprechen mithilfe von Karteikarten mit wenigen Stichworten
- Laut, deutlich und nicht zu schnell reden
- Ergebnisse am Ende noch einmal zusammenfassen
- Zum Schluss die Möglichkeit geben, Fragen zu stellen

[2] Tipps zum Einsatz verschiedener Medien.

Wahlseite

Der Himalaya wächst

1. Informiert euch auf dieser Seite über die Hebung des Himalaya.
2. Präsentiert eure Ergebnisse in geeigneter Form in der Klasse.

Der Himalaya hebt sich

Seit der Entstehung der Erde sind deren **Kruste** und **Mantel** praktisch nie zur Ruhe gekommen. Hin und wieder erfahren wir aus den Medien, dass die Erde bebt oder ein Vulkan ausgebrochen sei. Durch die **Plattenbewegungen** kommt es besonders an den **Plattengrenzen** ab und an zu **Erdbeben, wie 2015 in Nepal**. Zuvor haben sich über längere Zeit große **Spannungen** aufgebaut, die sich kurzfristig entladen.

Noch heute schiebt sich die **Indo-Australische Platte** unter die **Eurasische Platte** und infolgedessen hebt sich der **Himalaya** weiterhin in geradezu atemberaubender Geschwindigkeit. Durch das Aufeinandertreffen der beiden **Kontinentalplatten** wächst das höchste Gebirge der Erde jährlich weiter um etwa **einen Zentimeter**. Zum Vergleich: Ein Fingernagel wächst nur etwa dreimal so schnell.

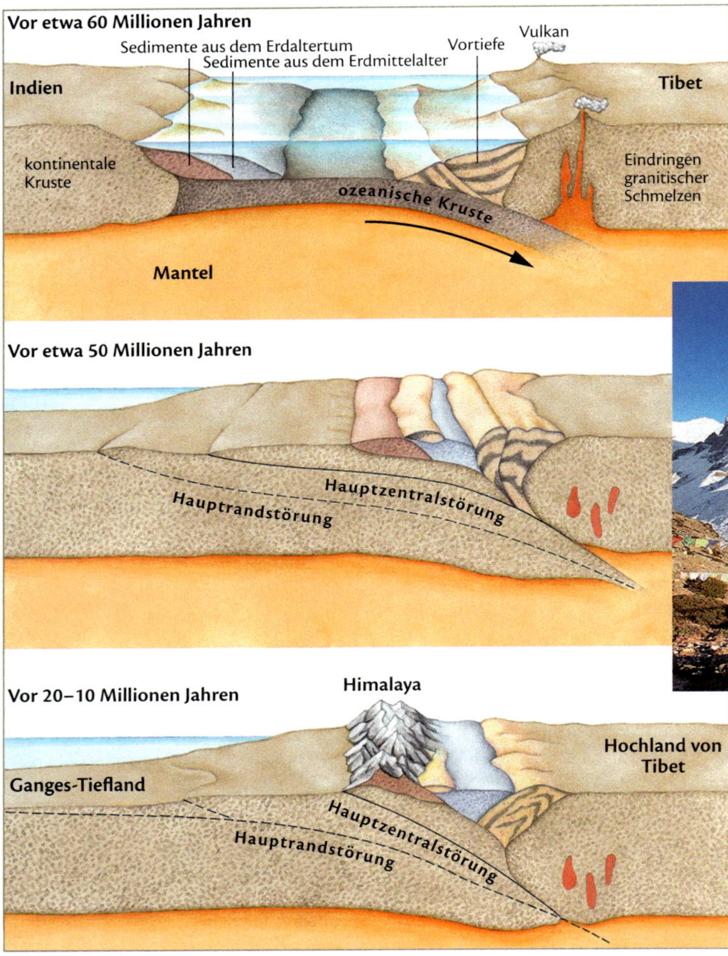

[1] Schematische Darstellung der Hebung des Himalaya.

[2] Im Himalaya, Nepal.

Tipps für die Erarbeitung:
Ihr könnt beim Lesen die Schritte des Textknackers anwenden. Was habt ihr über die Plattenbewegungen erfahren? Warum wächst das Himalaya-Gebirge?

Tipps für die Präsentation:
– Das Wachstum des Gebirges mithilfe von Schaumstoffplatten oder Badehandtüchern, wie auf Seite 50 beschrieben, demonstrieren

WEBCODE: MZ652471-060

Wahlseite

Tsunamis

1. Informiert euch auf dieser Seite über das Thema Tsunami.
2. Präsentiert eure Ergebnisse in geeigneter Form in der Klasse.

Entstehung der „Hafenwelle“
Ein Tsunami entsteht meist, wenn sich der Meeresboden durch ein Erdbeben hebt oder senkt. Ebenso kann durch das Hineinrutschen großer Erdmassen ins Wasser eine Riesenwelle entstehen. Diese ist auf dem Meer noch kaum spürbar, wächst aber immer höher, je näher sie der Küste kommt. Durch das Ansteigen des Meeresbodens in Küstennähe türmt sich das Wasser immer weiter auf und wird weit über die Uferlinie getragen. Beim anschließenden Zurückweichen wird das auf dem überschwemmten Land mitgerissene Material oft weit ins Meer hinausgespült.
Nicht jedes unterseeische Erdbeben löst allerdings einen Tsunami aus: Nur etwa 1 % aller Seebeben verursacht einen messbaren Tsunami.

[1] Verwüstung in Japan 2011 nach dem Tsunami.

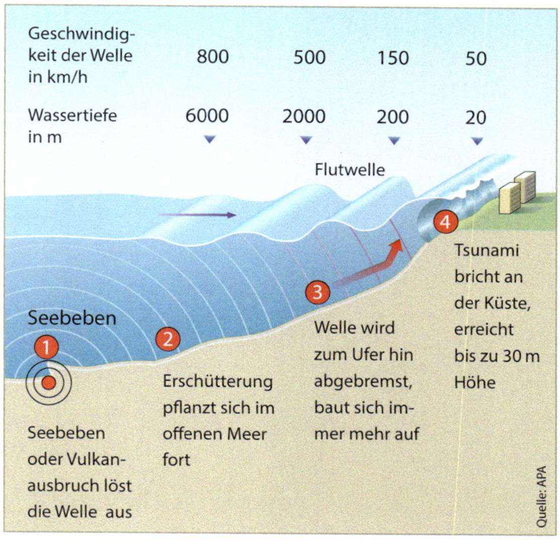

[2] Entstehung eines Tsunamis.

Schutzmaßnahmen
Viele Staaten haben in den letzten Jahrzehnten Frühwarnsysteme eingerichtet, die durch das Aufzeichnen von Plattenbewegungen Tsunamis schon bei der Entstehung erkennen. So können die gefährdeten Küstengebiete schnell evakuiert werden. Dies gilt vor allem für den Pazifischen Ozean. Dort wurde zwischen 1950 und 1965 ein Netz von Sensoren am Meeresboden eingerichtet, das ständig Daten misst und über Satellit meldet. Innerhalb von 20 bis 30 Minuten kann eine Tsunami-Warnung verbreitet werden.
Im Vergleich zu direkten Schäden infolge von Erdbeben, Vulkanausbrüchen oder Erdrutschen, die meist nur in räumlich eng begrenzten Gebieten auftreten, können Tsunamis noch an Tausenden von Kilometern entfernten Küsten Verwüstungen anrichten und Menschenleben fordern. Dies macht einen Tsunami zu einer weit größeren Bedrohung als andere Naturereignisse.

Tipps für die Erarbeitung:
– Den Unterschied zwischen einem See- und einem Erdbeben erläutern

Tipps für die Präsentation:
– Anhand einer Zeichnung in eigenen Worten die Entstehung eines Tsunamis erklären

Wahlseite

Korallenriffe

1. Informiert euch auf dieser Seite über das Thema Korallenriffe.
2. Präsentiert eure Ergebnisse in geeigneter Form in der Klasse.

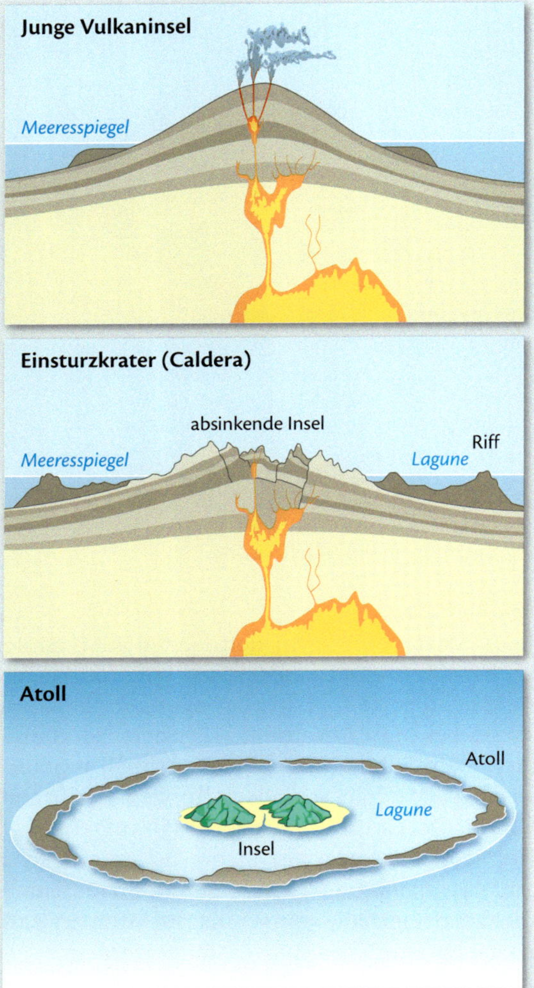

[1] Entstehung eines Atolls infolge des Absinkens einer Vulkaninsel.

Caldera Größere Einsturzkrater mit einem Durchmesser von einem Kilometer oder mehr werden Caldera genannt.

Die Entstehung eines Atolls

Ein Atoll ist ein Riff in Form eines Ringes oder eines Hufeisens mit einer Lagune in der Mitte.
Das Atoll entsteht durch das Aufwärtswachsen von Korallen bei gleichzeitigem Absinken des Untergrunds. Meist handelt es sich bei diesem Untergrund um eine Vulkaninsel.
Die Insel altert und wird durch Abtragung kleiner. Sie versinkt im Laufe der Zeit im Meer, sei es durch Erosion oder weil der Meeresboden absinkt bzw. der Meeresspiegel steigt.
Am Ende reicht nur noch das Riff bis an die Wasseroberfläche und bildet einen Ring aus kleinen Inseln, das Atoll.

Vorkommen von Korallenriffen

Korallenriffe findet man dort, wo die Wassertemperatur nicht weniger als 20 Grad beträgt und das Wasser sehr klar ist. In tiefem Wasser wachsen keine Korallen. Eine Plattform in einer Tiefe von etwa 30 bis 40 Metern ist eine Voraussetzung für ihre Entwicklung. Die meisten Atolle sind eher klein und erheben sich nur wenige Meter über dem Wasser. Bekannt ist die Ansammlung von Atollen der Malediven, eine Inselgruppe im Indischen Ozean. Die Bewohner vieler Inseln sind wegen des befürchteten Anstiegs des Meeresspiegels infolge der globalen Erwärmung um ihren Lebensraum besorgt.

[2] Taucher bei einem Korallenriff, Malediven.

Tipps für die Erarbeitung:
- Die Entstehung eins Atolls erklären
- Im Atlas nach den Malediven und weiteren Atollen suchen

Tipps für die Präsentation:
- Mit einer Weltkarte arbeiten
- Sápmi zeigen
- Über Menschen und Tiere berichten

WEBCODE: MZ652471-062

Wahlseite

Der Kreislauf der Gesteine

1. Informiert euch auf dieser Seite über den Gesteinskreislauf.
2. Präsentiert eure Ergebnisse in geeigneter Form in der Klasse.

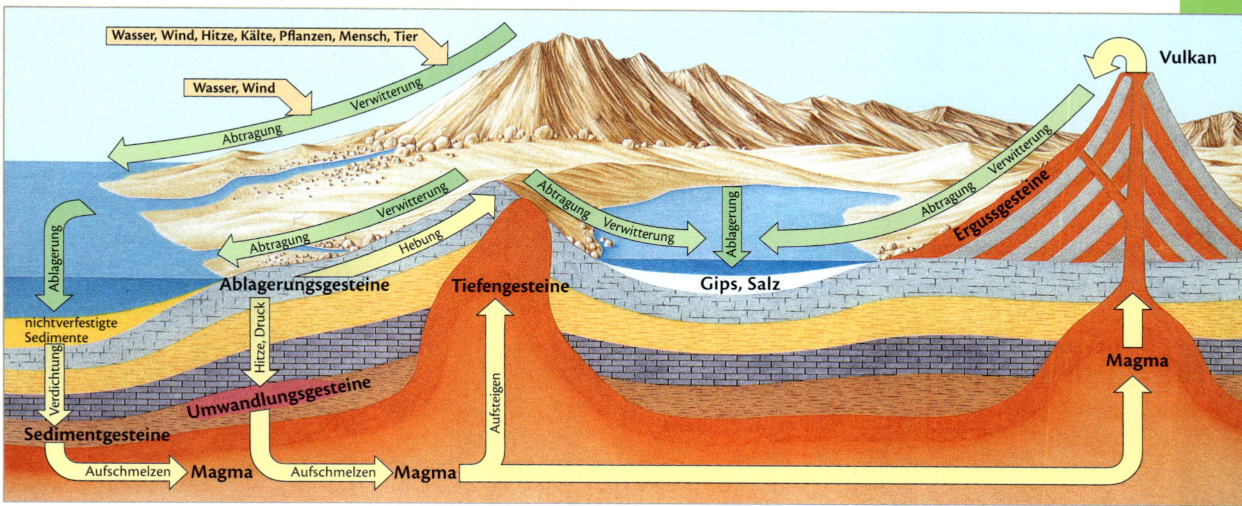

[1] Schnitt durch die Erde.

Gesteine unterscheiden sich

Kaum vorstellbar, dass so etwas Schweres wie Gestein in ständiger Bewegung sein soll. Allerdings sprechen wir über Zeiträume von mehreren Millionen Jahren, in denen sich der Kreislauf der Gesteine vollzieht.

Auf der Erde gibt es eine Menge von ganz unterschiedlichen Gesteinen, zum Beispiel härtere und weichere, leichtere und schwerere. Wer von euch schon einmal am Meer war, konnte dort vielleicht beobachten, wie viele unterschiedliche Größen, Farben und Formen die Steine an einem Kiesstrand oder die Sandkristalle an einem Sandstrand haben.

Diese Steine sind kleine Bruchstücke der Gesteine aus dem Landesinneren und der Gebirge. Durch jahrelange Bewegungen durch den Transport in den Flüssen oder in den Wellen der Meere wurden die Steine rundgeschliffen und über weite Strecken transportiert.

Senkung und Hebung von Gesteinen

Um den Kreislauf der Gesteine besser verstehen zu können, hilft es, sich die Entstehungsgeschichte vorzustellen, die der Stein von der Abtragung über die Sedimentation bis zur Schmelze durchlaufen hat.

Durch den Einfluss von z. B. Sonne oder Pflanzen verwittert das Gestein allmählich. Wind und Wasser sorgen für die Abtragung der Gesteinsstücke bis zur Ablagerung auf dem Meeresboden. Im Laufe von Jahrmillionen können die Ablagerungen wieder in den Erdmantel absinken. Auf dem Weg in die Tiefe werden sie zunächst durch die Last der über ihnen befindlichen Gesteine zusammengedrückt. In der flüssigen Erdglut (dem Magma) werden sie dann wieder aufgeschmolzen.

Manche Gesteine steigen wieder auf und bilden sogenannte Tiefengesteine. Andere Gesteine sinken gar nicht, sondern bleiben als Umwandlungsgesteine in den tieferen Erdschichten liegen. An manchen Stellen der Erde findet das Magma wieder seinen Weg an die Erdoberfläche.

Tipps für die Erarbeitung:
– Abb. [1] Schritt für Schritt auswerten; Bereiche mit Abtragung und Verwitterung beschreiben, benennen und verschiedene Gesteinsschichten lokalisieren

Tipps für die Präsentation:
– Während des Vortrags den Kreislauf der Gesteine als Tafelbild entwickeln und mit eigenen Worten erklären

WEBCODE: MZ652471-063

Erdkunde aktiv

Auf dieser Seite findet ihr Anregungen, was ihr zum Thema Georisiken noch tun, ausprobieren und erproben könnt.
Denkt auch daran, euer Portfolio zu führen:

- gelungene Ergebnisse in Text und Bild sammeln,
- Lernerfahrungen zum Thema „Georisiken“ aufschreiben.

1. Erdbeben-Tisch: Wir lassen es beben

Material: 2 Schneidebretter (etwa 20 mal 30 cm),
4 Flummis, 2 dicke Gummibänder (Einmachglas-Gummis), Legosteine und passende Platte, doppelseitiges Klebeband, Schere, 1 Bogen Pappe

- ▶ Gummibänder links und rechts über die kurzen Seiten des ersten Brettes ziehen.
- ▶ Jeweils 2 Flummis an die Innenseiten der Gummis legen.
- ▶ Ein zweites Brett mit Legoplatte auf Flummis legen und Gummiband herüberziehen.
- ▶ „Skyline“ aus Pappe bauen und an die Außenseiten der Bretter ankleben.
- ▶ Mit jeweils der gleichen Anzahl an Legosteinen ein hohes Haus bauen.

Ruckelt nun an dem Erdbebentisch: Der Boden unter den Häusern wird in Schwingungen versetzt.

2. Plattenbewegungen: Ein Experiment zu den Plattenbewegungen

Material
- Wasser in einer Glasschale, Teekanne o. Ä.
- Stövchen mit Teelicht
- kleine Papier-, Styropor- oder Pappstücke
- Lebensmittelfarbe

Durchführung
- Behälter höchstens zur Hälfte mit Wasser füllen
- Wasser durch das angezündete Teelicht erwärmen lassen
- Beobachten, welche Bewegungen zu erkennen sind
- Beschreiben der Ergebnisse

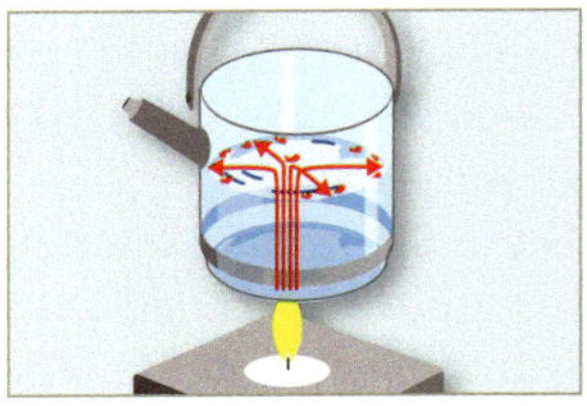

3. Wasser formt Landschaften: Ein Experiment zur formenden Kraft des Wassers

Schüttet Sand zu einem Haufen auf und feuchtet ihn an, damit er nicht zusammenfällt. Nun lasst langsam Wasser den kleinen aufgeschütteten Hang hinunterlaufen. Beobachtet die entstandenen Rinnen und Ablagerungen.

WEBCODE: MZ652471-064

Das kann ich!

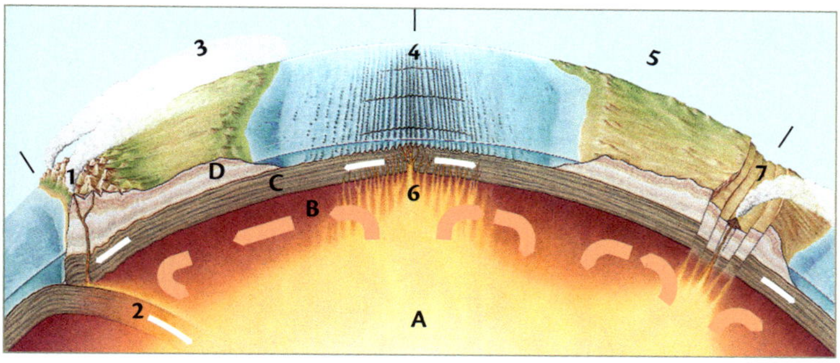

[1] Plattentektonik.

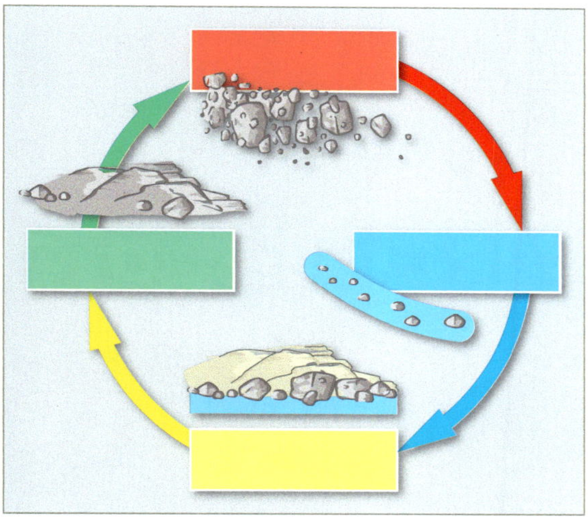

[2] Kreislauf des Formenwandels.

[3] Landwirtschaft am Ätna.

[4] Lavastrom des Ätna.

Orientierungskompetenz

1. Zeigt auf einer Weltkarte Merkmale für den Verlauf von Plattengrenzen.
2. Lokalisiert neben der Sahara weitere Wüsten auf der Weltkarte und benennt sie.

Urteilskompetenz

3. Beurteilt die Abbildungen [3] und [4] unter dem Gesichtspunkt der Naturrisiken und der Vorteile für das Leben und Arbeiten der Menschen in Vulkangebieten.
4. Verfasst eine Stellungnahme zu dieser Frage.

Sachkompetenz:

5. Erklärt die Entstehung von Erdbeben und Vulkanausbrüchen.
6. Benennt in Abbildung [1] A–D: die Schalen des Erdkörpers und 1–7: Platten, Formen, die durch Plattenbewegungen entstehen, Erscheinungen, die im Zusammenhang mit Vorgängen aus dem Erdinnern auftreten.

Handlungskompetenz

7. Führt das Experiment zu den Plattenbewegungen durch, wie auf der linken Seite beschrieben.

Methodenkompetenz

8. Erstellt ein Schaubild zum Kreislauf des Formenwandels an der Erdoberfläche.
9. Macht Vorschläge, wie ihr das Thema „Kräfte der Natur“ präsentieren würdet und entwerft eine Gliederung.

Wirtschaft weltweit

Waldenbucher Schokolade – ganz nah oder weit entfernt?
Fast jeder kennt Schokolade und mag sie gerne. Die quadratischen Tafeln werden im kleinen Ort Waldenbuch in Süddeutschland hergestellt. Dieser Betrieb ist weltweit wirtschaftlich tätig.

1. Beschreibt das Luftbild von Waldenbuch.
2. Berichtet, was ihr bereits über die Herstellung von Schokolade wisst.

Ritter
SPORT

Schauplatz Herstellung von Schokolade

Wie entstehen die leckeren Tafeln?

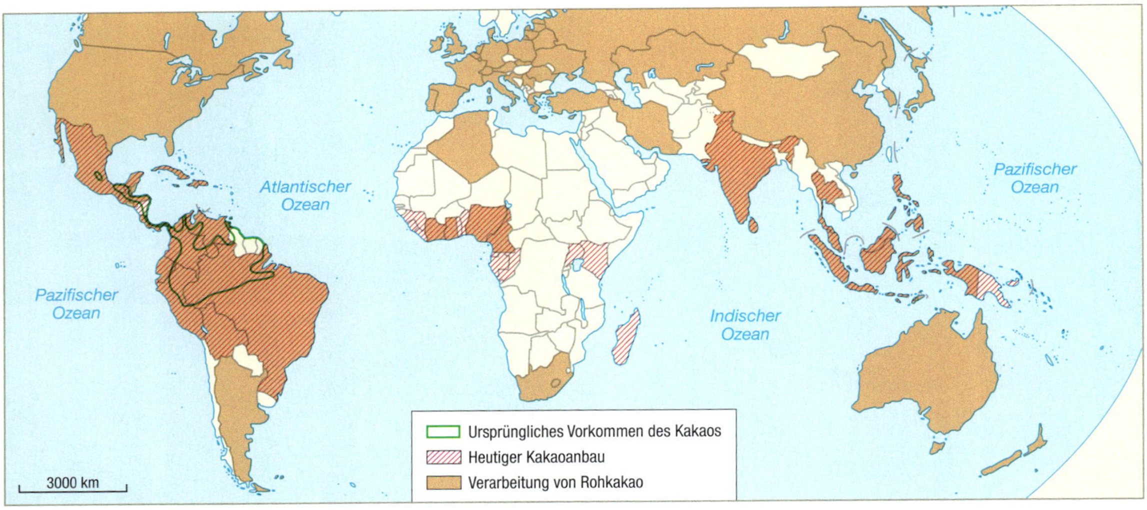

[1] Anbauländer der Kakaopflanzen.

1. Wertet die Karte [1] aus: In welchen Ländern und Erdteilen werden Kakaopflanzen angebaut?
2. Beschreibt, was ihr schon über die Herkunft von Kakaofrüchten wisst.

Schokolade – schon immer ein globales Produkt

Zur Herstellung von Schokolade werden Kakaobohnen gebraucht. Diese wachsen allerdings nicht in unseren Breiten, dazu ist es hier in Europa viel zu kühl. Kakaobohnen brauchen Wärme sowie regelmäßigen und ergiebigen Regen. Sie gedeihen demnach nur in Ländern in Äquatornähe mit tropischem Klima.

Von dort wird die Kakaobohne nach der Ernte und weiteren Schritten zum Beispiel nach Europa gebracht und weiterverarbeitet.

[2] Ein Kakaobauer aus Nicaragua.

Schon die Maya und Azteken wussten Schokolade zu schätzen. Die edlen Kakaobohnen waren damals dem Adel vorbehalten, dienten als Zahlungsmittel oder Grabbeilage und wurden als Getränk eingenommen. Obwohl Schokolade damals hauptsächlich in flüssiger Form oder als Gewürz benutzt wurde und im Vergleich zur heutigen bekannten Schokolade sehr bitter schmeckte, hat sich der Herstellungsprozess seitdem nicht wesentlich geändert. Bis aus den Kakaobohnen Schokolade oder Kakaopulver wird, hat die Bohne einen langen Weg vor sich. Vom Kaffeebaum bis zur fertigen Schokolade müssen sieben Schritte durchlaufen werden, wobei jeder Schritt wichtig ist für den Geschmack der fertigen Schokolade. Auf jeder dieser Stufen kann der Kakao so verarbeitet werden, dass dabei die Umwelt geschont oder aber geschädigt wird.

3. Begründet mithilfe einer geeigneten Karte aus dem Atlas, warum ein bestimmtes Klima für den Kakaoanbau geeignet ist.

Die Herstellung von Schokolade

Ein Mitarbeiter von Ritter Sport aus Waldenbuch berichtet (Autorentexte): „Zwischen der Ernte der Kakaofrucht bis zum Genuss der fertigen Tafel Schokolade liegt ein langer Produktionsweg.

Noch in den Anbauländern werden die Bohnen unter anderem getrocknet, gereinigt und geröstet. Dann werden sie in die Länder transportiert, in denen die Bohnen weiterverarbeitet werden, beispielsweise zu uns nach Waldenbuch in Deutschland."

„Nachdem die Zutaten (Milchpulver, Zucker, und Kakaomasse) miteinander vermischt wurden, wird die Masse mehrfach gewalzt. Dies dient der weiteren Verfeinerung der Kakaomasse."

[3] Walzen.

„Das richtige Conchieren bestimmt maßgeblich die Qualität der Schokolade. In diesem Schritt wird durch die Zugabe von Kakaobutter die Masse verflüssigt und cremig gemacht."

[4] Conchieren.

„Die flüssige Schokolade wird in die quadratischen Formen gegossen, manche davon werden auch mit verschiedenen Füllungen versehen."

[5] Gießen.

„Die fertigen Tafeln werden verpackt und anschließend ausgeliefert."

[6] Druck von Verpackungen.

[7] Entwicklung von Neuprodukten.

Wählt einen der folgenden Arbeitsaufträge aus:

- Beschreibt den Prozess der Schokoladenherstellung.
- Erstellt eine Präsentation über die Geschichte der Schokolade.
- Gestaltet gemeinsam ein Lernplakat, auf welchem der Einfluss der Produktion auf die Menschen und den Verkehr deutlich wird.

Was ihr noch tun könnt ...

- Informiert euch über den Gebrauch von Schokolade bei den Azteken und den Maya in Südamerika.

Orientierung

Was ist das: Welthandel und Weltwirtschaft?

[1] Waren werden um die ganze Welt bewegt.

1. Wertet die Karte aus. Benennt die Wirtschaftsräume, zwischen denen die Haupthandelsströme verlaufen.

Austausch von Gütern

Die Waren und Güter, die von den Menschen auf der Erde benötigt werden, stehen nicht überall gleichmäßig zur Verfügung. Sie sind ungleichmäßig über die Erde verteilt. Abhängig vom Klima wachsen beispielsweise nur in bestimmten Regionen der Erde Pflanzen wie Getreide, Obst und andere landwirtschaftliche Produkte. Das Vorhandensein von Wasser ist dafür ebenso wichtig wie das von Wärme. So benötigen manche Produkte ein tropisches Klima, andere hingegen gedeihen nur in gemäßigten Breiten. Bodenschätze hingegen können über die ganze Erde verteilt sein. So stehen rohstoffarme Länder den Ländern gegenüber, die reich an Rohstoffen sind.

Preisunterschiede in der Produktion treiben im Zusammenhang mit sinkenden Transportkosten den internationalen Handel an. Güter werden um die ganze Welt geschickt, bis sie ihre Käufer im Empfängerland finden.

2. Erklärt den Begriff „Welthandel" mit eigenen Worten.

3. Überlegt euch Gründe für die Notwendigkeit von Welthandel und nennt diese.

Welthandel Unter Welthandel versteht man die Gesamtheit des Außenhandels aller Staaten der Erde. Alle Güter, die durch Ausfuhr bzw. Einfuhr Staatsgrenzen passieren, sind Bestandteil des Welthandels. Dieser umfasst aber neben dem reinen Warenverkehr auch den Dienstleistungs- und Kapitalverkehr.

[2] Kakaofrucht.

[3] Container.

[4] Müll.

[5] Recycling.

4. Betrachtet Abbildungen [2]–[5] und beschreibt, was ihr sehen könnt. Erzählt dazu und sammelt euer Wissen.

Wirtschaft weltweit

Mit folgenden und ähnlichen Fragen beschäftigt sich das Kapitel:
Welche Zusammenhänge bestehen zwischen Wirtschaft und Landschaft?
Was bedeutet Nachhaltigkeit in Bezug auf das Handeln der Menschen?
Ist Recycling eine Alternative?
Was trägt unser Kaufverhalten zum Umweltschutz bei?

Wichtige Kompetenzen in diesem Kapitel

Orientierungskompetenz
- Die weltweiten Warenströme erklären und nachvollziehen können

Analysekompetenz
- Die Bausteine des internationalen Handels erarbeiten
- Warenwege unter Berücksichtigung der verschiedenen Arten von Gütern analysieren

Urteilskompetenz
- Die Gewinnung der Ressource Wasser hinsichtlich des Landschaftsschutzes beurteilen
- Die Herstellung verschiedener Produkte unter dem Aspekt der Nachhaltigkeit beurteilen

Handlungskompetenz
- Den Weg eines Welthandelsguts von der Produktion bis zum Verkauf darstellen können. Dabei auf Nachhaltigkeit achten

Methodenkompetenz
- Das eigene Kaufverhalten im Hinblick auf Nachhaltigkeit und Umweltschutz überprüfen

Bausteine des Welthandels

Welche Chancen und Risiken gibt es beim Welthandel?

[1] Containerschiff im Hafen.

1. Beschreibt Abbildung [1]. Überlegt, welche Waren in Containern verladen werden.

Der Welthandel wächst

In früheren Zeiten war Handel nur über Händler möglich, die als Reisende verschiedene Länder besuchten und von dort Rohstoffe und landeseigene Produkte mitbrachten. Außerdem nahmen sie Waren aus dem eigenen Land mit, um sie im Ausland zu verkaufen. Heute ist der Transport der verschiedensten Waren und Dienstleistungen auf ein Vielfaches angewachsen. Zum einen werden heute mehr Güter gehandelt als früher, zum anderen wird die Arbeit an Produkten und Dienstleistungen immer öfter an zahlreichen Standorten auf der ganzen Welt parallel erbracht. Zum Anstieg der weltweiten Verflechtungen führten zwei wichtige technische Entwicklungen: Container in Standardgröße und neue Kommunikationstechnologien. Container, die weltweit die gleiche Größe haben, können von jedem Spediteur bewegt werden und sparen so Transportkosten. Erfindungen wie das Internet und verbesserte Fremdsprachenkenntnisse hingegen ermöglichen einen schnellen Informationsaustausch.

2. Beurteilt die Bedeutung der weltweiten Verflechtungen für die Wirtschaft der einzelnen Länder.

Container – Transportbehälter weltweit

Ein amerikanischer Unternehmer entwickelte vor mehr als 50 Jahren eine Kiste mit standardisierter Größe, in der Waren verstaut werden konnten. Er soll sich darüber geärgert haben, dass er jedes Teil einzeln von einem Verkehrsmittel auf das andere verladen lassen musste. Beim Transport wird dieser Container vom Schiff auf die Bahn oder einen LKW verladen. Das spart viel Zeit und Arbeitskräfte. Mit Ausnahme von Rohstoffen wie Öl oder Eisenerz werden die meisten Güter heute in Containern transportiert. Manche Güter werden in Leitungen von der Förderstätte bis zum Produktionsort gebracht, wie das bei Erdöl oder Erdgas der Fall ist. Andere Güter, die eher als Masse erscheinen, werden lose transportiert, wie Sand. Am aufwendigsten ist der Transport von Einzelgütern wie Maschinen oder Fahrzeugen. Es hängt also davon ab, welcher Art das Transportgut ist oder welche Größe es hat.

3. Überlegt euch Situationen, in denen die genannten technischen Errungenschaften im Welthandel Vorteile bieten.

Weltmarkt und Welthandelsgüter
Auf dem Weltmarkt treffen Angebot und Nachfrage der Waren zusammen. An bestimmten Welthandelsplätzen entwickelt sich der Preis, der Weltmarktpreis. Solche Welthandelsplätze sind unter anderem London oder New York. Die Rohstoffbörse in New York ist der bedeutendste Rohstoffhandelsplatz der Welt. Hier werden Warentermingeschäfte abgewickelt. Das bedeutet, dass schon vorher vereinbart wird, zu welchem Preis eine bestimmte Ware zu einem späteren Zeitpunkt gekauft wird. Dies geschieht beispielsweise bei Kaffee, Baumwolle oder Bananen. Sie werden gekauft, ehe sie geerntet sind. Die Käufer spekulieren darauf, dass zur Erntezeit die Preise höher sind, so dass sich durch den Weiterverkauf gute Gewinne erzielen lassen.

4. Erklärt die Regel: Je knapper das Angebot, desto höher der Preis.

Von Industrieländern und Schwellenländern
Seit Jahren kann man feststellen, dass die wirtschaftlich unterentwickelten Länder Asiens, Afrikas und Lateinamerikas keinen besonderen Nutzen aus den Vorteilen des Welthandels ziehen. Sie exportieren überwiegend Rohstoffe oder landwirtschaftliche Produkte und werden durch die geringe Bezahlung zu Verlierern der Globalisierung. Fehlendes Geld und schlechtere Bildung ergänzen diesen Zustand.
Die Industrieländer dagegen exportieren weiterverarbeitete, hoch veredelte technische Produkte wie Maschinen oder Fahrzeuge. Dazu kommt, dass sie energiesparende Verfahren entwickeln und für viele Produkte künstliche Ersatzstoffe entwickelt haben. Dies macht den Import mancher Rohstoffe überflüssig.

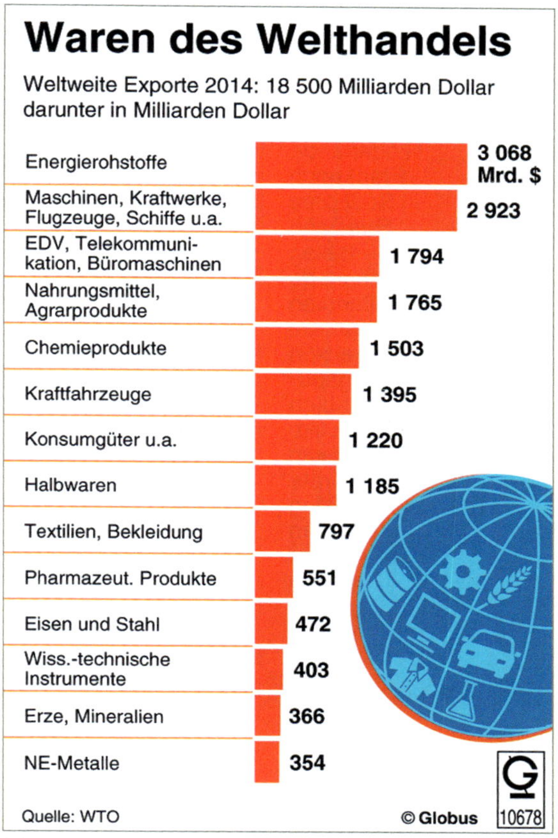

[2] Waren des Welthandels.

Wählt einen der folgenden Arbeitsaufträge aus:

- Beschreibt die Vorteile, Güter in Containern transportieren zu können.
- Erklärt, wie ein Rohstoffhandelsplatz weltweite Bedeutung haben kann.
- Bewertet die Aussage, dass manche Länder zu Verlierern der Globalisierung werden.

Was ihr noch tun könnt …
- Informiert euch über die aktuelle Gefährdung der Schifffahrtsrouten durch Piraten.

Internationale Arbeitsteilung

Wie funktioniert die weltweite Arbeitsteilung und schafft sie eine gerechte Verteilung des Wohlstandes?

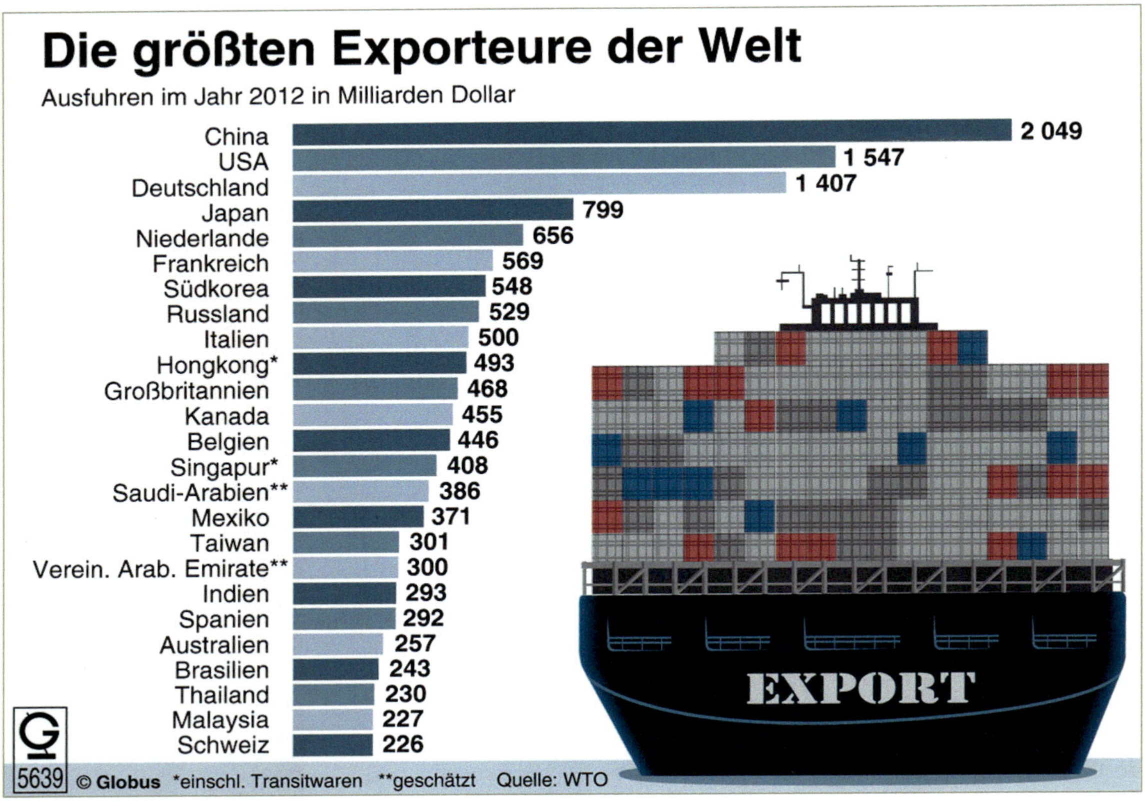

[1] Warenxport weltweit.

1. Beschreibt das Schaubild [1]. Was fällt euch bei der Interpretation auf?

Produkte aus der ganzen Welt

Wenn man in Finnland Bananen aus Ecuador kaufen kann, in Ecuador Maschinen aus Deutschland, in Deutschland Kaffee aus Vietnam, in Vietnam DVD-Player aus Japan und in Japan Wodka aus Russland, dann zeigt dies: Die Volkswirtschaften der Welt wachsen zu einer globalen Wirtschaft zusammen. Das Schlagwort heißt „Internationale Arbeitsteilung".

Ein Rückblick auf die zweite Hälfte des 20. Jahrhunderts macht dies deutlich. Die weltweite Produktion hat sich seit 1950 nahezu verachtfacht, das Welthandelsvolumen aber hat sich weit mehr als verzwanzigfacht.

2. Stellt die Entwicklung der Weltwirtschaft seit 1950 dar.

Der globale Warenaustausch ist es, der ein Wachstum der Weltproduktion in diesem Ausmaß ermöglicht hat. Denn er gestattet es den beteiligten Volkswirtschaften, sich auf jene Leistungen zu konzentrieren, die sie beherrschen und die den größten Ertrag für sie bringen. Andere Güter, die benötigt werden, können besser aus jenen Ländern bezogen werden, die darauf spezialisiert sind, oder von denen, die sie preiswerter herstellen.

3. Nennt Vor- und Nachteile des globalen Warentauschs.

[2] Hauptverkehrsrouten Flugverkehr.

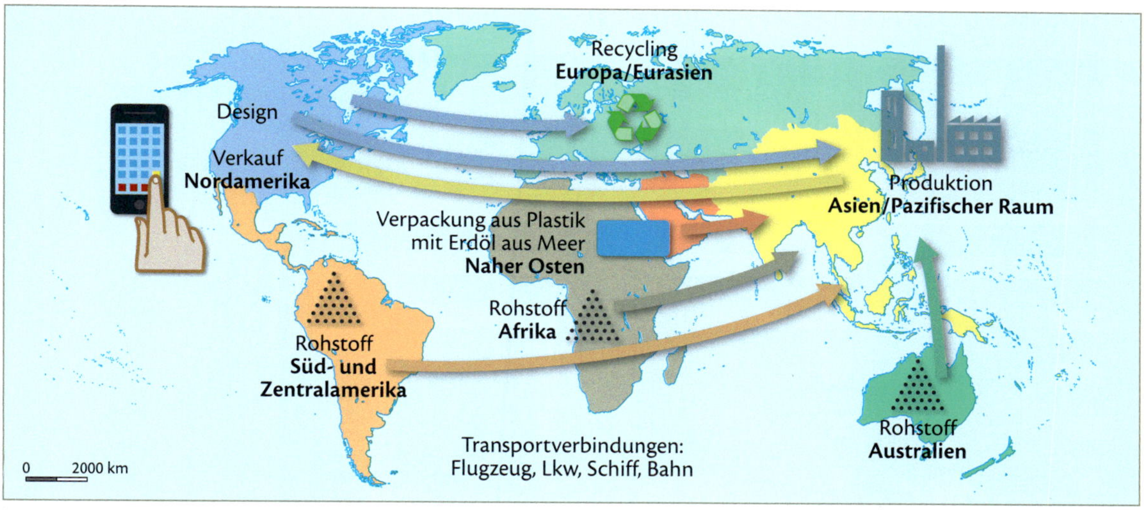

[3] Produktionsweg einer Ware.

4. Beschreibt den Weg eines Handys (Abb. [3]) von der Herstellung bis zur Entsorgung.

Arbeitsteilung heute

Erst im Verlauf des 20. Jahrhunderts entstand die Möglichkeit, eine funktionierende Arbeitsteilung zwischen räumlich getrennten Unternehmenseinheiten zu schaffen. Man orientierte sich an Standorteigenschaften, um bestimmte Produktionsorte anzusiedeln. Dazu kamen verbesserte Kommunikations- und Transportmöglichkeiten ebenso wie die Verfügbarkeit von billigen Arbeitskräften.
Bekannte Beispiele sind die Automobil-, Bekleidungs- und die Textilindustrie. So wurde vor allem von Unternehmen dieser Art ein weltumspannendes Netzwerk zur Produktion geschaffen. Ungelernte Arbeiter wie auch hochqualifizierte Kräfte finden darin ihren Platz.

Folgen der Arbeitsteilung

Nicht nur die Unternehmen, sondern auch die beteiligten Regionen spüren die Auswirkungen der Arbeitsteilung. Oft werden gerade die Produktionsschritte in andere Länder ausgelagert, die besonders arbeitsintensiv sind. Lohnkosten sind in sogenannten „Billiglohnländern“ oft geringer, was für das Unternehmen günstiger ist. Dafür fallen aber auch Arbeitsplätze nicht nur in Deutschland weg.
Früher war man der Überzeugung, dass die Auslagerung bestimmter Produktionsschritte gerade den Entwicklungsländern einen Wirtschaftsaufschwung bescheren würde. Dies ist aber nicht grundsätzlich der Fall. Oft wird der ausgelagerte Industriezweig nicht in die Wirtschaft des Landes integriert. Somit gibt es auch keinen positiven Effekt auf die benachbarten Regionen.

Wählt einen der folgenden Arbeitsaufträge aus:

- Nennt Gründe, warum die Lohnkosten in sogenannten Billiglohnländern für Unternehmen so attraktiv sind.
- Nennt Vor- und Nachteile der internationalen Arbeitsteilung für Unternehmen und Arbeitnehmer. Vergleicht in einer Tabelle.
- Gestaltet ein Plakat mit dem Weg eines Produkts eurer Wahl. Stellt die einzelnen Stationen bildlich dar. Ihr könnt euch an Abbildung [3] orientieren.

Was ihr noch tun könnt …

- Diskutiert die Möglichkeiten und Umsetzung von staatlichen Eingriffen und Regulierungsmaßnahmen in die globale Produktion.
- Findet heraus, was „Billiglohnländer“ sind und welche Länder dazu gehören. Nennt Gründe.

Chancen und Risiken des Welthandels

Welche positiven und negativen Auswirkungen hat der Welthandel?

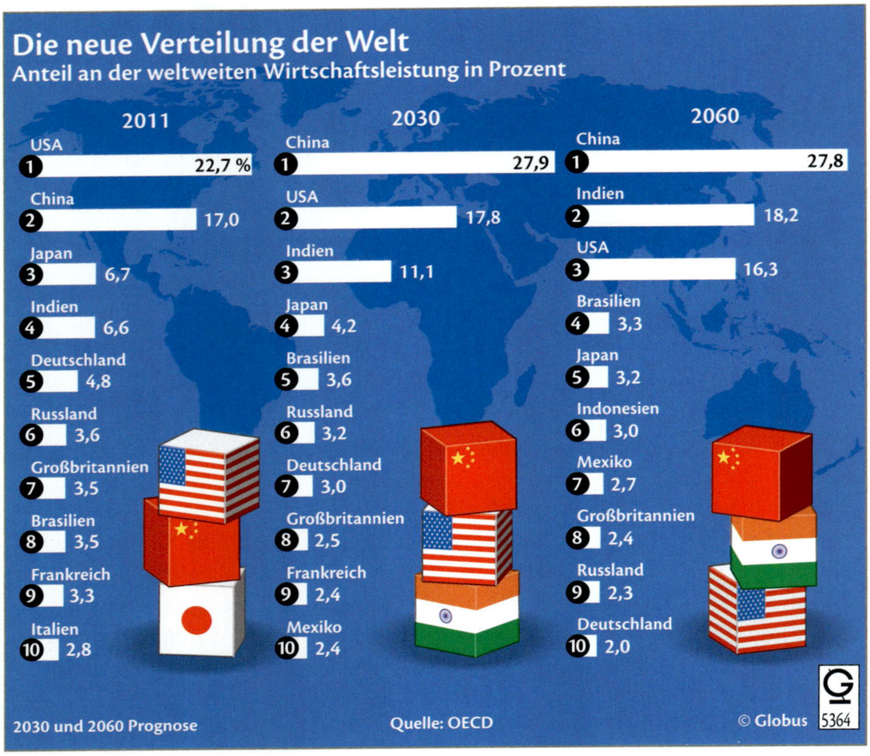

[1] Warenströme im Welthandel.

1. Wertet Abbildung [1] aus und beschreibt.
2. Berichtet, welche Güter und Rohstoffe ihr aus anderen Ländern kennt. Nennt die Herkunftsländer und zeigt sie auf einer Weltkarte.

Auswirkungen des Welthandels

Der Begriff „Welthandelsvolumen“ beschreibt die Summe des Warenwerts aller Güter, die zwischen Ländern in der Welt gehandelt werden. Ein hohes Welthandelsvolumen bedeutet einen hohen Export von Gütern aus den jeweiligen Ländern. Dies ist positiv für den Geldhandel, es schwächt aber auch die Selbstständigkeit der einzelnen Länder.

Ein hohes Niveau des Welthandelsvolumens bedeutet ein hohes Niveau des Wohlstands und große Produktvielfalt.

Wirtschaftskrisen hingegen senken das Welthandelsvolumen und bewirken durch sinkenden Export den Verlust vieler Arbeitsplätze.

3. Nennt die Vor- und Nachteile des Welthandels. Tragt eure Ergebnisse in eine Tabelle ein.

Ununterbrochenes Wachstum

Bis heute steigt das Welthandelsvolumen jährlich um etwa 6 Prozent, und das ununterbrochen seit 1948. Dies zeigt den stetig wachsenden Wohlstand.

70 Prozent der Welthandelsgüter werden zwischen den USA, der EU und Japan bewegt. Steigender Welthandel ist der bedeutendste Faktor der Globalisierung, zusammen mit wichtigen kulturellen Entwicklungen.

4. Findet kulturelle Entwicklungen, die inzwischen weltweit bekannt sind.

Chancen des weltweiten Handels

Weltweiter Handel kann ein Auslöser für positive wirtschaftliche Entwicklung eines Landes sein: Wachstum und die Verbesserung des Lebensstandards sind Folgen, die daraus entstehen können. Auch der Austausch von Technologien und die länderübergreifende Arbeitsteilung bringen viele Vorteile. Außerdem fördern Investitionen die Entwicklung der Wirtschaft.

[2] Transport über die Schienen.

[3] Güterverkehr über Luftfracht.

[4] Warentransfer auf der Straße.

Risiken des weltweiten Handels

Auf der anderen Seite darf man die Risiken des weltweiten Handels nicht übersehen: Absprachen, die zum Wohle der Menschen oder der Umwelt gemacht wurden, werden oft nicht umgesetzt. Auch Regelungen, die in einzelnen Staaten gelten, greifen bei globalen Unternehmen nicht mehr. Die Wirtschaft eines Landes kann geschwächt werden. Ebenso kann es auch passieren, dass weltweit handelnde Unternehmen nicht mehr steuerbar sind und weltweite Krisen auslösen, wie die Finanzkrise 2008.

5. Stellt in einer Tabelle die Chancen und Risiken des Welthandels gegenüber und vergleicht

Chancen	Risiken
Verbesserung des Lebensstandards	Schwächung der Binnenwirtschaft
...	...

Wählt einen der folgenden Arbeitsaufträge aus:

- Beschreibt die Vor- und Nachteile der unterschiedlichen Transportwege (Abb. [2] bis [4]).
- Überlegt, wie eine globale Finanzkrise entstehen kann. Sammelt Argumente und begründet.
- Gestaltet ein Werbeplakat für den Schienentransport. Welche Vorteile hat er gegenüber Straße und Luft?

Was ihr noch tun könnt ...

- Informiert euch im Internet über Transportmöglichkeiten in früheren Zeiten. Gestaltet ein Plakat darüber.
- Informiert euch über die Finanzkrise von 2008 und berichtet in der Klasse darüber.

Nachhaltigkeit

Was ist Nachhaltigkeit?

[1] Forstwirtschaft.

[2] Alternative Energiegewinnung.

Nachhaltige Entwicklung

Das Wort Nachhaltigkeit kommt ursprünglich aus der Forstwirtschaft. Es beschreibt die Vorgehensweise, nach der nicht mehr Holz gefällt werden darf, als nachwachsen kann.

Heute beschreibt Nachhaltigkeit ein Prinzip, wonach Umweltgesichtspunkte (ökologische Ziele) gleichberechtigt mit sozialen (soziale Ziele) und wirtschaftlichen Gesichtspunkten (ökonomische Ziele) berücksichtigt werden. Alle drei Ziele sind gleich wichtig.

Eine nachhaltige Entwicklung bedeutet also eine Wirtschaftsweise, welche die Lebensqualität der heutigen Generation sichert und gleichzeitig zukünftigen Generationen ein intaktes ökologisches, soziales und ökonomisches Gefüge hinterlässt.

Der Begriff Nachhaltigkeit wird heute in vielen Zusammenhängen gebraucht. Er weist seit einigen Jahren den Weg für eine zukunftsfähige Entwicklung der gesamten Lebenswelt. Das gilt sowohl für die Produktion als auch für den Konsum.

Erfreulich ist dabei das zunehmende Interesse an Informationen. Konsumenten möchte nachhaltig hergestellte Produkte leicht erkennen können. So sind zunächst auf freiwilliger Basis viele Labels entstanden, die Händlern und Kunden entsprechende Anhaltspunkte bieten.

1. Erklärt was Nachhaltigkeit bedeutet.
2. Beschreibt mithilfe von Abb. [3] die Ziele einer nachhaltigen Entwicklung.

Nachhaltigkeit

Ökologische Ziele
- Klimaschutz und Umweltschutz
- Schutz der Artenvielfalt
- Müllvermeidung
- Sorgsamer Umgang mit Ressourcen (zum Beispiel Wasser, Rohstoffe, Energie)

Soziale Ziele
- Armutsbekämpfung
- Zugang zu Bildung
- Arbeitsschutz und Gesundheitsvorsorge
- Teilhabe an gesellschaftlichen und politischen Entscheidungen
- Friedliche Lösung von Konflikten

Ökonomische Ziele
- Wohlstandssicherung und -ausbau
- Gerechte Löhne
- Optimierung von Transportwegen
- Verbot von ausbeuterischer Kinderarbeit und Zwangsarbeit

[3] Das Prinzip Nachhaltigkeit.

[4] Einkaufsbummel.

3. Mischt euch in das Gespräch der Mädchen ein!

Beispiel Mode

Bis zu zwölf Kollektionen werden jährlich von einigen Bekleidungsketten herausgebracht, um den Verbrauch anzukurbeln. Greift der Kunde nicht schnell zu, verschwinden die Artikel wieder und machen neuen Platz. Und wenn dann ein T-Shirt kaum mehr kostet als eine Currywurst, geht diese Rechnung auf: wegwerfen und neukaufen.

Wenn man alleine bedenkt, dass für die Herstellung jede Menge Chemikalien zum Einsatz kommen, hat man eine ungefähre Vorstellung von der damit verbundenen Umweltbelastung z. B. durch Vergiftung der Gewässer.

Dem steht eine Bewegung von Herstellern gegenüber, die darauf setzt, natürliche, weitgehend unbehandelte Rohstoffe haltbar und modisch zeitlos zu verarbeiten.

4. Schildert, wie das Prinzip der Nachhaltigkeit in der Mode verletzt wird.

Beispiel Ernährung

Die Verbraucher sind seit Jahren daran gewöhnt, dass im Supermarkt immer alles zu haben ist: frische Erdbeeren im Dezember, Spargel im Oktober oder Frühkartoffeln im Februar. Wie belastend alleine der Transport für die Umwelt ist, wird beim Kauf meist nicht gesehen.

In diesem Zusammenhang sollte auch der Wasserverbrauch bedacht werden, der für die Produktion eines jeden Konsumgutes anfällt: das „virtuelle Wasser". Allein für die Herstellung einer einzigen Pizza Margherita beträgt dieser – für uns nicht greif- und sichtbare – Wasserverbrauch 1 260 Liter!

Ziel auch der nachhaltigen Ernährung muss daher sein, bei Herstellung und Konsum umsichtig vorzugehen. Die Ernährungslage der heutigen Menschen sollte verbessert werden, ohne die Chancen der künftigen Generationen zu gefährden.

Beispiel Tourismus

Nachhaltiger Tourismus will die Bedürfnisse der Urlauber befriedigen und dabei die Zukunft des Reiseziels nicht gefährden. Natur und Kultur des Gastlandes sollten zwar intensiv erlebt werden können, ohne jedoch etwas zu zerstören oder zu beeinflussen.

5. Fasst zusammen, wie Nachhaltigkeit bei der Ernährung und im Urlaub geübt werden können.

Wählt einen der folgenden Arbeitsaufträge aus:

- Nennt Argumente für Nachhaltigkeit in den Bereichen „Bauen und Wohnen" oder „Freizeit"
- Stellt das Schaubild (Abb. [3]) vergrößert für die Klassenwand dar und gestaltet es.
- Erörtert in einer gemeinsamen Diskussionsrunde Argumente zum Thema „Nachhaltigkeit".

Ressource Wasser

Ist Wassersparen sinnvoll?

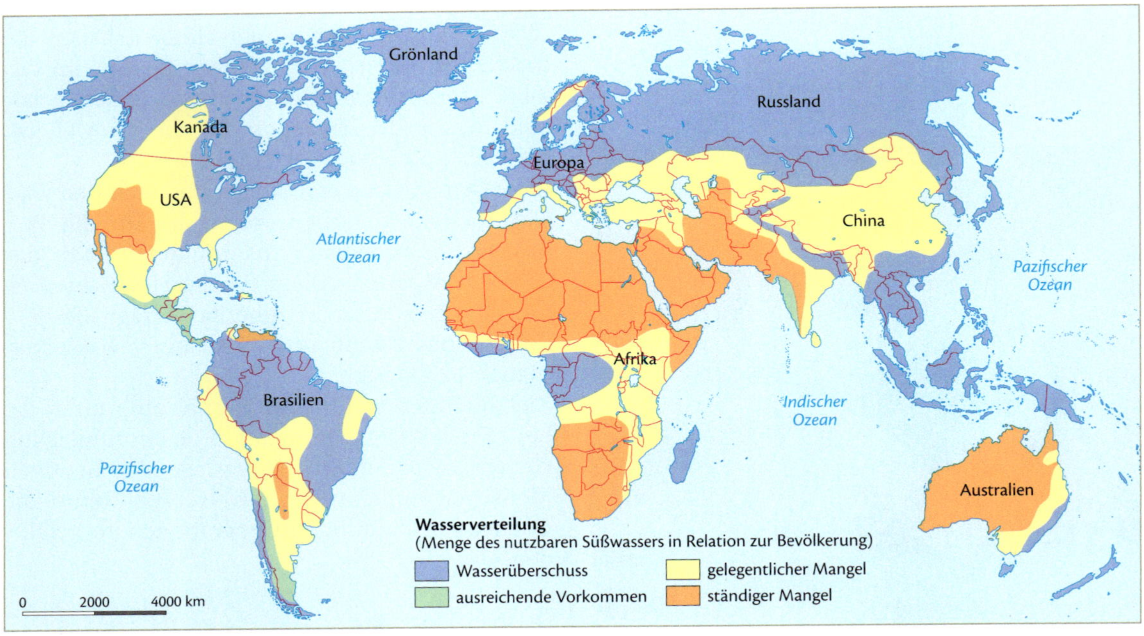

[1] Verteilung des nutzbaren Wassers auf der Erde.

Der blaue Planet

Wasser ist für Menschen, Tiere und Pflanzen lebenswichtig. Eigentlich ist auch genügend nutzbares Süßwasser auf der Erde vorhanden, doch es ist ungleichmäßig verteilt. Während manche Regionen reichlich Wasser zur Verfügung haben, regnet es in anderen Teilen der Welt oft jahrelang nicht. Wenn man die Erde aus dem Weltall betrachtet, wird klar, warum sie „Blauer Planet" genannt wird. Drei Viertel der Erdoberfläche sind mit Wasser bedeckt. Doch das meiste der riesigen Wassermassen ist Meereswasser. Es ist salzhaltig und für den Großteil der Lebewesen nicht genießbar. Von dem verbleibenden Süßwasseranteil sind mehr als zwei Drittel in den Gletschermassen und im Permafrostboden gebunden. Damit ist nur noch 1 Prozent des gesamten Wassers auf der Erde für den Menschen frei nutzbar, das meiste davon in Form von Grundwasser. Diese vergleichsweise kleine Menge würde eigentlich für alle Menschen auf der Erde ausreichen, wenn sie nicht durch klimatische Unterschiede so ungleich auf der Erde verteilt wäre. Damit ist das Wasser in manchen Regionen der Erde besonders kostbar, eine wertvolle Ressource (Rohstoff).

1. Wertet die Karte (Abb. [1]) aus: Benennt Länder mit Wasserüberschuss bzw. ständigem Mangel. Beschreibt Regionen, und was euch dabei auffällt.
2. Erläutert, warum Wasser in manchen Ländern der Erde eine kostbare Ressource darstellt.

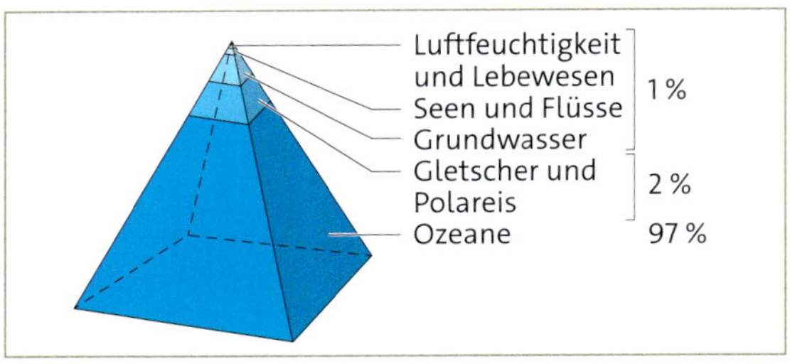

[2] Verteilung des Wassers auf der Erde im Verhältnis.

Versiegelte Flächen

Flächen, in denen das Regenwasser nicht mehr versickern kann, etwa weil Straßen, Häuser oder Asphalt den Boden bedecken, werden „versiegelte Flächen" genannt. Das ist nicht nur für den Grundwasserspiegel problematisch, sondern auch für das Kleinklima. Da kaum Wasser verdunsten kann, tragen diese Flächen an heißen

Tagen nicht zur Kühlung bei. Außerdem kann es bei starken Regenfällen zu Überschwemmungen kommen. Der Grundwasserspiegel sinkt beständig, da das Wasser gleich über die Flüsse abtransportiert wird.

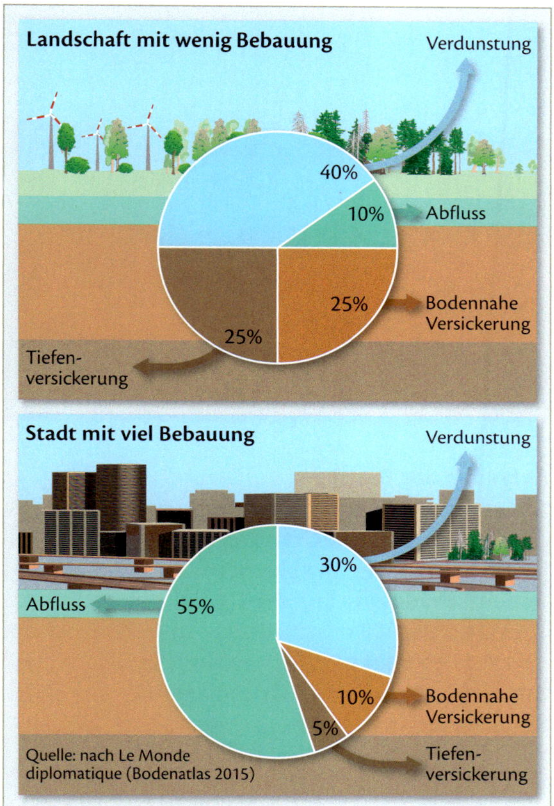

[3] Vergleich Oberflächenabfluss.

Wasserverbrauch

Den größten Anteil am weltweiten Wasserbedarf hat die Landwirtschaft. Hier ist durch das Wachsen der Weltbevölkerung mit einem steigenden Bedarf zu rechnen. Außerdem müssen in vielen trockenen Gegenden der Welt neue landwirtschaftliche Flächen erschlossen werden, die eine intensive Bewässerung benötigen. Werden weiter große Wassermengen verschwendet, wird es in Zukunft Konflikte um die Nutzung der Ressource geben. Beispiele für übermäßige Wasserverschwendung gibt es viele. Manche entstehen aus Gedankenlosigkeit zum Beispiel im Haushalt, andere aus wirtschaftlichen Interessen. Im Südwesten der USA zum Beispiel, einer sehr niederschlagsarmen Region, wird trotz Wassermangels intensiver Feldbau betrieben, der vor allem in regenarmen Jahren viel Grundwasser benötigt. Um in Zukunft Konflikte um den begehrten Rohstoff zu vermeiden, müssen neue Strategien zur Wasserversorgung entwickelt werden. Eine Maßnahme könnte eine verbesserte Regenwasserspeicherung sein.

3. Erläutert die Folgen der Flächenversiegelung für den Grundwasserspiegel (Abb. [3]).
4. Analysiert, warum die Ressource Wasser Konfliktpotential birgt.
5. Sammelt Vorschläge zum Wassersparen im Haushalt (Abb. [4]).

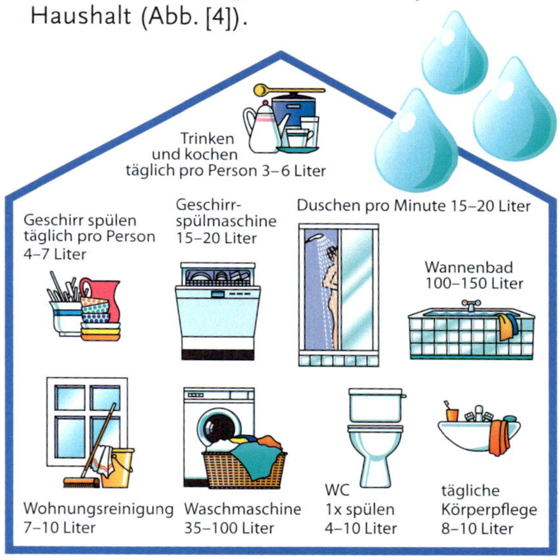

[4] Wasserverbrauch im Haushalt.

Wählt einen der folgenden Arbeitsaufträge aus:

- Erarbeitet ein Referat zum Thema „Wassersparen im Haushalt“.
- Erläutert weitere Beispiele, wo Wasser übermäßig verschwendet wird.
- Gestaltet eine Wandzeitung mit Vorschlägen für eine nachhaltige Oberflächengestaltung in Großstädten.

Was ihr noch tun könnt …

- Erkundigt euch in Fachgeschäften über die Möglichkeiten des Wassersparens bei verschiedenen Haushaltsgeräten.

Wahlseite

Wertvoller Boden

1. Informiert euch auf dieser Seite über die Ressource Boden.
2. Präsentiert eure Ergebnisse in geeigneter Form in der Klasse.

[1] Ackerland ist die knappste Ressource der Welt.

Wir essen unsere Böden auf

Keiner denkt beim Essen an **Boden**. Kaum jemand hat davon gehört, dass er für das Überleben der Menschheit wichtig ist. Gemessen an der Dicke der Erdplatten ist der Boden nur eine hauchdünne Hülle davon. Doch auf die kommt es an, um die **wachsende Weltbevölkerung** von derzeit mehr als sieben Milliarden Menschen zu ernähren. Ein guter Boden ist reich an **Humus** und **Mineralien**, locker, gut durchlüftet, und kann ausreichend **Wasser speichern**. Je nach Klimazone dauert es einige Hundert Jahre bis sich mehrere Zentimeter oder Meter Boden bilden. Wird er falsch oder zu stark genutzt, kann er innerhalb von wenigen Jahren seine **Ertragsfähigkeit** verlieren. Fast ein Viertel aller Böden weltweit sind bereits ausgezehrt. Für diese Entwicklung sind vor allem Essgewohnheiten bzw. Lebensmittelimporte verantwortlich. Jeder EU-Bürger „verbraucht" im Jahr 1,3 Hektar Land, was der Größe von zwei Fußballfeldern entspricht. Ohne ausreichende Ackerflächen kann aber der Hunger der Menschheit nicht gestillt werden.

Aufgaben des Bodens

Böden filtern Regenwasser und tragen so zur Bildung von sauberem **Grundwasser** bei. Böden helfen, Grundwasser zu speichern. Zudem kann der Boden **Schadstoffe** aus der Luft filtern und so das Grundwasser davor schützen. Außerdem ist der Boden **Lebensraum** für zahlreiche Tiere und Pflanzen, und somit Grundlage für die **Nahrungsversorgung** des Menschen.

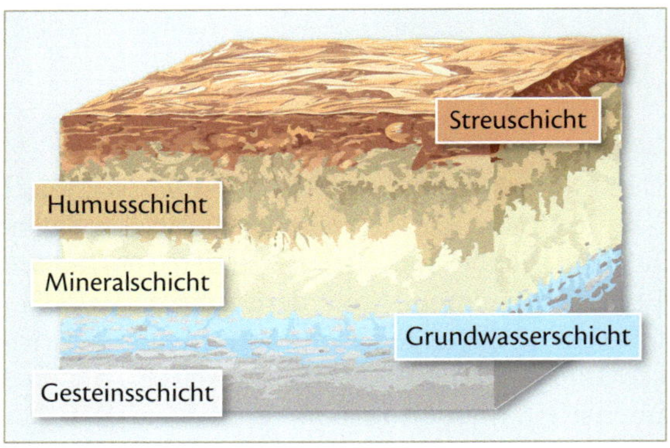

[2] Bodenprofil.

Tipps für die Erarbeitung:
Ihr könnt beim Lesen die Schritte des Textknackers anwenden. Was habt ihr über die Böden erfahren?

Tipps für die Präsentation:
- Eine Wandzeitung gestalten und das Bodenprofil (Abb. [2]) vergrößert darstellen
- Ein Wirkungsgefüge erstellen
- Aufgaben des Bodens beschreiben

WEBCODE: MZ652471-082

Wahlseite

Rohstoffe und Energie

1. Informiert euch auf dieser Seite über das Thema Rohstoffe und Energie.
2. Präsentiert eure Ergebnisse in geeigneter Form in der Klasse.

[1] Gewinnung eines fossilen Energieträgers.

[2] Gewinnung von Windenergie und Biomasse.

Energieverbrauch
Licht, Heizung, Autofahren, in den Urlaub fliegen – die Auflistung ließe sich noch lange fortsetzen. All das benötigt Energie und verbraucht die Ressourcen unserer Erde. Unser Wohlstand verschlingt eine Menge Energie. Entwicklungsländer benötigen z. B. weit weniger Energie als Industrieländer. Wenn die Menschheit so weiter wirtschaftet wie im Jahr 2014, reichen nach Experteneinschätzungen die Ölreserven noch etwa 53 Jahre, die Gasvorkommen noch 55 Jahre und die Kohlevorkommen noch 113 Jahre. Das Ende der fossilen Rohstoffvorräte ist also absehbar.

Erdöl, Gas und Kohle
Ein sparsamer Umgang mit Energie lohnt sich, denn die Preise für Strom, Gas und Öl steigen trotz aller Schwankungen. Was aber noch schwerer wiegt, ist die Tatsache, dass das beim Verbrennen der fossilen Energieträger entstehende CO_2 die Hauptursache für die globale Erwärmung ist. Deshalb ist der Ausbau von erneuerbaren Energieträgern der Schlüssel zu einer nachhaltigen Energiewirtschaft. Sonne, Wind und Wasser liefern unbegrenzte Energievorräte. Problematisch ist, dass bisher überwiegend Energieträger genutzt werden, die endlich sind. Überall begegnet ihr Erdölprodukten wie Möbeln aus Kunststoff, Kleidung oder Lippenstift.

Erneuerbare Energieträger
Sonne Die Sonne liefert Energie für warmes Wasser (Solarthermie) und für elektrischen Strom (Fotovoltaik). In beiden Fällen wird die Energie der Sonne direkt genutzt. Im ersten Fall erwärmen die Sonnenstrahlen Flüssigkeit in Sonnenkollektoren, im zweiten Fall wird das Sonnenlicht in Solarzellen in elektrischen Strom umgewandelt.
Wind Die mechanische Kraft des Windes wird genutzt, um Windräder anzutreiben. Die funktionieren wie ein Fahrraddynamo: In einem Generator wird Strom erzeugt.
Wasser Wasserkraft kann auf verschiedene Arten in elektrische Energie umgewandelt werden. Speicherkraftwerke nutzen den Höhenunterschied im Gelände zur Stromgewinnung. Laufwasserkraftwerke nutzen die Strömung eines Flusses oder Kanals. Gezeitenkraftwerke nutzen die Meeresströmung, die durch Ebbe und Flut verursacht wird. In allen Fällen treibt das Wasser Turbinen an.
Biomasse Zur Biomasse zählen Holzabfälle, Essensreste, Gülle und Pflanzen wie Stroh, Mais oder Raps. Die Energie aus Biomasse gibt es in verschiedenen Formen, z. B. als Holzpellets und Biogas zum Heizen, oder auch als Biodiesel im Tank. Sie kann in einigen Bereichen fossile Energieträger ersetzen.

Tipps für die Erarbeitung:
– Weitere Beispiele für Energieverbraucher recherchieren und Möglichkeiten zum Energiesparen bzw. Alternativen aufzeigen

Tipps für die Präsentation:
– Eine Ausstellung über erneuerbare Energieträger mit Partnern (z. B. Handwerksbetriebe) in der Schule organisieren

WEBCODE: MZ652471-083

Wahlseite

Luftverschmutzung

1. Informiert euch auf dieser Seite über die Luftverschmutzung.
2. Präsentiert eure Ergebnisse in geeigneter Form in der Klasse.

Dicke Luft in Stuttgart

Erstmals in der Geschichte des Landes Baden-Württemberg wurde in Stuttgart am 15. Januar 2016 Feinstaubalarm ausgelöst. Die Bevölkerung wurde dazu aufgefordert, das Auto stehen zu lassen und für die Fahrt zur Arbeit die öffentlichen Verkehrsmittel zu benutzen.

[1] Abgase und Umweltzonenkennzeichnung.

Was bedeutet Feinstaubalarm?

Feinstaubalarm wird ausgelöst, sobald der Deutsche Wetterdienst (DWD) an mindestens zwei aufeinanderfolgenden Tagen eine austauscharme Wetterlage voraussagt: Warmluft in den höher liegenden Luftschichten verhindert das Aufsteigen kalter Luft vom Boden. An diesen Tagen steigt die Konzentration von Feinstaub und Stickstoffdioxid stark an. Es besteht die Gefahr von Überschreitungen der Grenzwerte. Da Stuttgart in einem Talkessel liegt, wird durch wenig Wind der Luftaustausch mit den höheren Schichten erschwert. Dies führt zu einer höheren Schadstoffbelastung in Bodennähe. Diese Schadstoffe können die Gesundheit stark beeinträchtigen: Probleme mit den Atemwegen kommen häufig vor.

Weitere Ursachen für Luftverschmutzung

Aber nicht nur die immer zahlreicheren Autos sind ein Problem für die Luft. Auch Fabriken haben einen großen Anteil an umwelt und gesundheitsschädlichen Abgasen. Typisch für heutige Industriegesellschaften sind ihr hoher Energiebedarf und viele industriell hergestellte Produkte, die aus einer großen Zahl von Rohstoffen hergestellt werden. Auch deren Herstellung wiederum belastet die Luft.

[2] Industrielle Luftverschmutzung.

Schutz und Gegenmaßnahmen

Gesetze, die die Verschmutzung der Luft in Maßen halten sollen, sind oft nicht einfach umzusetzen. Verschmutzte Luft macht nicht an Grenzen halt. Umwelt- und Luftverschmutzung im einen Land betrifft auch immer die Nachbarländer, auch wenn es dort sinnvolle Gesetze gegen Luftverschmutzung gibt. Aber auch auf technischer Seite wird viel getan, um die Luftverschmutzung zu verringern. Ebenso existieren internationale Abkommen, die gleiche Richtwerte und Ziele in unterschiedlichen Ländern ermöglichen. Auch dies ist ein wichtiger Schritt dabei, gemeinsam über Ländergrenzen hinweg die Umwelt zu schützen.

Tipps für die Erarbeitung:
- Im Internet Informationen über die eigene Gemeinde suchen
- Möglichkeiten der Luftreinhaltung finden

Tipps für die Präsentation:
- Eine Weltkarte mit Luftverschmutzung zeigen
- Zusammenhang zwischen Industrialisierung und Verschmutzung zeigen

WEBCODE: MZ652471-084

Wahlseite

Wohin mit dem Müll?

1. Informiert euch auf dieser Seite über das Thema Müll.
2. Präsentiert eure Ergebnisse in geeigneter Form in der Klasse.

[1] Abfallhaufen auf der Mülldeponie.

So viel Müll wie noch nie

Wir Deutschen verursachen so viel Müll wie kaum ein anderes Land in Europa: mehrere Hundert Kilogramm Müll jährlich, davon ein Großteil Verpackungsmüll. Die Gründe sind das häufige Essen und Trinken unterwegs und das Bestellen von Paketen bei Online-Händlern. Allein die Verpackungen für Getränke, Nahrungsmittel und Haustierfutter machen zwei Drittel des Verpackungsmülls aus. Zugenommen haben außerdem die Ein- und Zweipersonenhaushalte, für die kleinere Verpackungseinheiten benötigt werden. Tiefkühlkost, Fertiggerichte und mikrowellengeeignete Produkte müssen extra verpackt werden. So steigt der Verbrauch trotz wachsendem Umweltbewusstsein der Menschen. Die Entsorgung von Müll ist ein großes Problem. Häufig landet der Müll auf einer Mülldeponie, in einer Müllverbrennungsanlage oder aber gar in der Natur.

[2] Müllverbrennungsanlage Stuttgart-Münster.

Aber was kann man tun?

Es gibt vieles, was man selbst zur Müllvermeidung beitragen kann. Umweltschützer fordern die Händler auf, nicht alle Produkte doppelt zu verpacken – und die Kunden sollten Plastik und Ähnliches zum Wertstoffhof bringen. Wer auf die Plastiktüte beim Einkauf verzichtet und seinen eigenen Stoffbeutel mitbringt, wer leere Kartons nochmals verwendet und auf überflüssige Verpackungen verzichtet, trägt schon zum Umweltschutz bei. Und den Müll niemals in der freien Natur einfach wegzuwerfen, sollte für jeden eine Selbstverständlichkeit sein.

[3] Wertstoffhof.

[4] Mülltrennung.

Tipps für die Erarbeitung:
- Über die Entsorgung von Müll informieren
- Beim Bundesumweltamt recherchieren
- Interessante Abfallstatistiken finden

Tipps für die Präsentation:
- Bilder und Grafiken zur Demonstration der Ergebnisse verwenden
- Tipps zur Abfallvermeidung als Plakat gestalten

WEBCODE: MZ652471-085

Recycling – eine Alternative?

Was bedeutet Kreislaufwirtschaft?

[1] Mülltrennung am Flughafen.

[2] Altglascontainer.

1. Berichtet, welche Arten von Mülltrennung es bei euch daheim gibt.
2. Wohin wird der Müll von eurem Wohnort gebracht?

So viel Müll!

Jeder verursacht ihn, aber niemand will ihn haben! Müll ist ein großes Thema in unserer Gesellschaft geworden. Große Deponien und Müllverbrennungsanlagen werden angelegt. Viele Menschen sind damit beschäftigt, den Müll, den wir täglich erzeugen, zu sortieren, wegzuräumen oder weiterzuverarbeiten. Trotzdem ist unser Abfall aber eine große Belastung für unsere Umwelt, und nicht immer wird der Müll richtig entsorgt und bedroht Tiere, die Natur und letztlich auch uns Menschen.

Was ist Müll?

Was Müll ist, wird genau definiert: Müll ist ein Stoff oder Gegenstand, dessen sich sein Besitzer entledigt, entledigen will oder entledigen muss. Das bedeutet, alles, was von einer Person nicht mehr gebraucht und somit weggeworfen wird, ist Müll. In Deutschland gibt es seit vielen Jahren die sogenannte Mülltrennung. Die verschiedenen Materialien, die in den Müll wandern, werden in unterschiedlichen Behältern gesammelt. Dies hat den Vorteil, dass Stoffe leichter wiederverwertet werden können. Das nennt man Recycling. Doch was genau bedeutet das?

Der Müllkreislauf

Recycling beschreibt einen Kreislauf, indem Abfälle gesammelt, aufbereitet und wiederverwertet werden.
Abfälle enthalten wichtige Rohstoffe. Papier, Glas, Kunststoffe sowie Altmetall und biologische Abfälle fallen täglich in unzähligen Haushalten an. Das meiste davon wandert in die Restmülltonne, vieles davon gehört allerdings nicht hinein. Zum Restmüll gehören nur Dinge, die nicht wiederverwertet werden können.

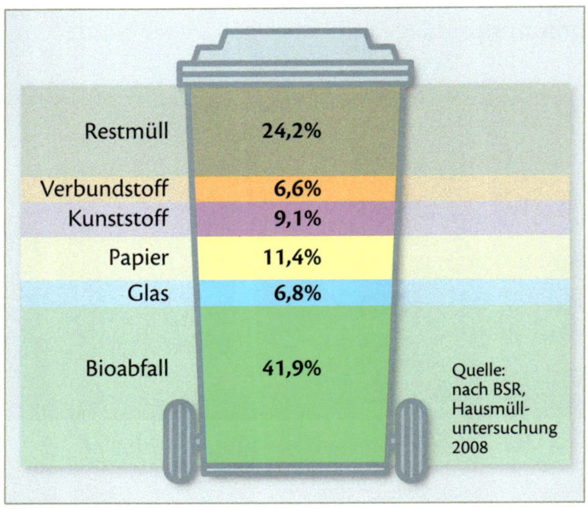

[3] Verteilung des Restmülls im Hausmüll.

3. Nennt für jede Schicht in der Tonne die richtige Entsorgungsart. Welche Materialien können wiederverwertet werden?

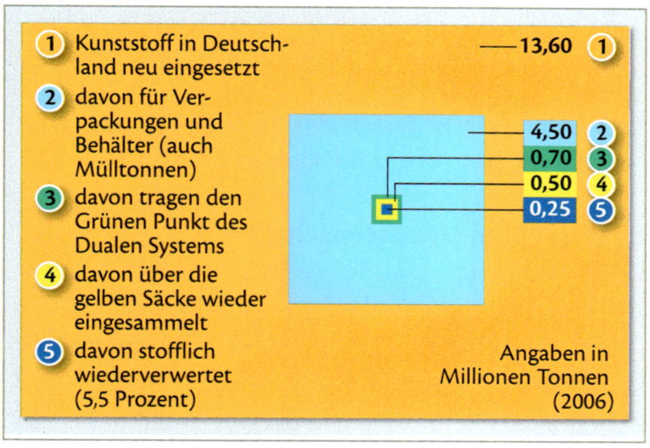

[4] Kunststoffwiederverwertung.

Kreislaufwirtschaft statt Linearwirtschaft

In der Kreislaufwirtschaft gelangen die eingesetzten Rohstoffe wieder vollständig in den Produktionsprozess zurück. Eine wichtige Rolle spielt hierbei das Recycling von Gütern, um Abfallprodukte als Sekundärrohstoffe wiederverwerten zu können. Sekundärrohstoffe sind Materialien, die nach dem Gebrauch wieder durch passende Aufbereitung der Produktion zur Verfügung gestellt werden können.
Das Gegenteil zur Kreislaufwirtschaft wird zumeist Linearwirtschaft (auch Wegwerfwirtschaft) genannt; es ist das derzeit vorherrschende Prinzip der industriellen Produktion. Dabei wird ein Großteil der eingesetzten Rohstoffe nach der jeweiligen Nutzungsdauer der Produkte deponiert oder verbrannt.

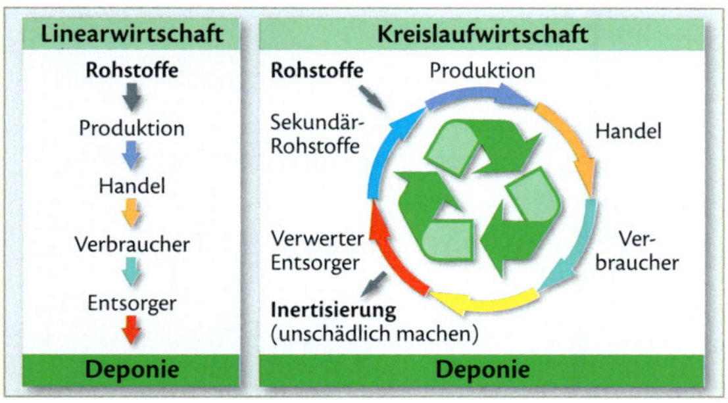

[5] Modelle der Linear- und der Kreislaufwirtschaft.

Kreislaufwirtschaft früher und heute

In den sogenannten Entwicklungsländern gibt es heute noch in traditionellen Landwirtschaftssystemen ein Kreislaufsystem. Die verwendete Produktionsenergie in Form von menschlicher oder tierischer Muskelkraft stammte direkt von der bewirtschafteten Fläche auf der sowohl die Abfälle der Produkte (etwa Ausscheidungen, Küchenabfälle), als auch die Produktionsrückstände (etwa Stroh, Asche bei der Brandrodung) direkt in die Produktion zurückgeführt wurden.

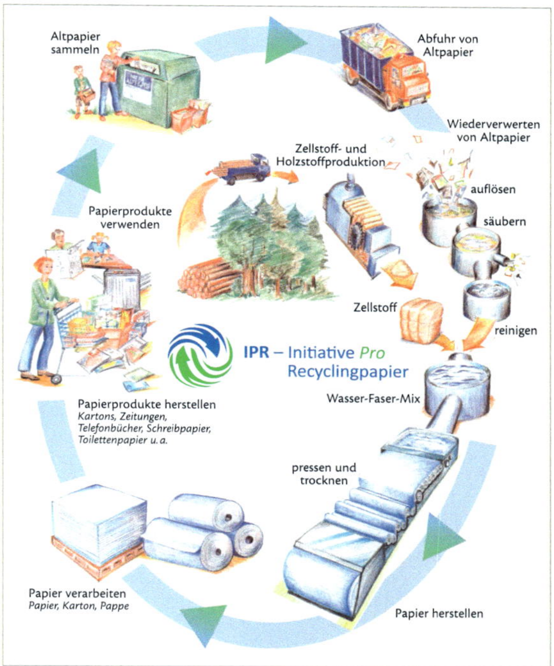

[6] Recycling von Papier.

Wählt einen der folgenden Arbeitsaufträge aus:

- Überlegt, warum die Menschen bis vor 200 Jahren grundsätzlich eine Kreislaufwirtschaft betrieben haben. Nennt Unterschiede zum heutigen Leben.
- Erstellt ein Modell der Linear- oder Wegwerfwirtschaft und zeichnet es in euer Heft.
- Gestaltet ein Poster fürs Klassenzimmer, auf dem ihr Tipps zur Müllvermeidung im Alltag sammelt. Arbeitet mit Bildern.

Was ihr noch tun könnt ...

- Informiert euch, wieviel Müll in einem Durchschnittshaushalt in eurer Gemeinde anfällt. Wie viel Müll produziert ein Mensch am Tag? Verfasst einen Müllbericht.

Fairtrade – ein fairer Preis für die Ware

Was ist der Preis für Fairen Handel?

[1] Wiedererkennung von Fairtrade-Produkten auf Verpackungen.

Das Siegel für Fairen Handel

[2] Fair gehandelte Produkte.

Was bedeutet „Fairer Handel"?

Unter Fairem Handel wird der direkte Handel zwischen den Produzenten (zum Beispiel den Kakaobauern) und den Herstellern von Schokolade verstanden. Das bedeutet, dass es keine Zwischenhändler gibt, die auch noch an der Ware verdienen müssen und so die Preise unnötig in die Höhe treiben. Verschiedene Organisationen haben zur Kontrolle der Richtlinien Bedingungen erarbeitet, die erfüllt werden müssen, um ein Produkt als ein „Fairtrade"-Produkt vermarkten zu dürfen:

- Eine langfristige Zusammenarbeit zwischen den Vertragspartnern muss vereinbart werden. Das heißt, die Zusammenarbeit muss über Jahre hinaus angelegt sein.
- Es muss ein fairer Preis für die Bauern bezahlt werden, der über dem Weltmarktniveau liegt.
- Es dürfen keine Zwischenhändler eingebunden werden.
- Ein Teil der Ernte sollte vorfinanziert werden, um Verschuldung der Bauern zu vermeiden.

1. Beurteilt die Kriterien des Fairen Handels. Welches betrachtet ihr als das Wichtigste?

Bauern bilden Genossenschaften

Um am Fairen Handel teilnehmen zu können, schließen sich die Bauern in der Regel zu Kooperationen oder Genossenschaften zusammen, um ihre Produkte gemeinsam vermarkten zu können. Die Jahresproduktion eines einzelnen Produzenten ist in der Regel zu klein und der Aufwand der Vermarktung zu groß, als dass sich ein Bauer alleine darum kümmern könnte. Diese Kooperationen müssen sich ebenfalls an eine Reihe von Bedingungen halten.

2. Sprecht über die Bedingungen, die ein Betrieb einhalten muss, um als Fairtrade-Betrieb zu gelten. Nennt die Bedingungen für die Teilnahme.
3. Überlegt gemeinsam und arbeitet heraus, welche Vorteile und Nachteile es einem Bauern bringt, wenn er sich für eine Teilnahme am Fairen Handel entscheidet.

Bedingungen für die Teilnahme am Fairen Handel

1. Entscheidungsprozesse in den Betrieben müssen demokratisch erfolgen.
2. Die Mitarbeiter müssen angemessen bezahlt und Kinder dürfen nicht beschäftigt werden.
3. Die Arbeitsmethoden dürfen nicht gesundheitsschädlich sein.
4. Der Anbau muss umweltschonend erfolgen, also nachhaltig.
5. Die Bauern sollen aus ärmeren Bevölkerungsschichten kommen.
6. Frauen und gesellschaftliche Minderheiten dürfen nicht benachteiligt werden.

Ziele des Fairen Handels

Ziel des Fairen Handels ist die Sicherung des Existenzminimums von Kleinbauern und Plantagenarbeitern. Dafür erhalten die Bauern von ihren Genossenschaften einen höheren Preis für den Kakao, als sie ihn bei lokalen Zwischenhändlern erhalten würden. Ein Teil des Mehrerlöses

aus dem Fairen Handel wird von den Genossenschaften für Gemeinschaftsprojekte verwendet, dazu gehören die Errichtung von Schulen, der Bau von Straßen, Investitionen in die Gesundheitsversorgung und in die Bildung sowie die Sicherung der Trinkwasserversorgung.
Fair gehandelte Produkte sind in der Regel etwas teurer, aber die Erlöse kommen direkt den bäuerlichen Familien zugute, da es keine Zwischenhändler gibt, die einen Teil des Gewinns erhalten.

„Früher, als meine Familie unsere Kakaobohnen noch selbst verkaufen musste, bekamen wir fast kein Geld dafür. Oft verdienten wir weniger, als uns der Anbau überhaupt kostete. Seit wir uns der Genossenschaft angeschlossen haben, werden wir gerecht bezahlt und können unsere Familien ernähren. Verdienen wir in guten Jahren mehr Geld, können wir neue Brunnen oder sogar eine Schule bauen. Die Kooperation gibt uns Sicherheit.“

[3] Kakaobauer in Afrika.

Fairtrade im Weltmarkt für Kakao
Der Anteil von Fairtrade am Weltmarkt für Kakao liegt bei gerade einmal 0,1 Prozent. Die meisten Produzenten für Fairtrade-Kakao sind dabei gezwungen, ihren Kakao ohne Fairtrade-Siegel zu normalen Weltmarktkonditionen zu verkaufen, da bislang nicht ausreichend Abnehmer vorhanden sind. Die größten Lieferländer waren 2003 die Dominikanische Republik mit einem Anteil von 48,6 % am Fairtrade-Markt und Ghana mit einem Anteil von 45,05 %.

Fairtrade und Kontrolle
Inzwischen kaufen über drei Millionen Kunden in Deutschland fair gehandelte Produkte. Aber wie kann man sicher sein, dass die Waren wirklich fair gehandelt wurden? Zur Absicherung gibt es das Gütesiegel. Es wird ausschließlich auf solche Produkte geklebt, bei denen die fairen Bedingungen eingehalten wurden und das Geld direkt zu den Erzeugern zurückfließt.
Das Gütesiegel wird von einer Gesellschaft vergeben, die die Erzeugung streng kontrolliert.

4. Arbeitet in Stichworten heraus, was das Gütesiegel den Kunden garantiert.

Wählt einen der folgenden Arbeitsaufträge aus:

- Nennt die Vor- und Nachteile von Fairtrade für die Bauern und für die Grundbesitzer. Arbeitet schriftlich.
- Erklärt, warum Fairtrade-Produkte im Augenblick noch nicht genügend Abnehmer finden und welche Auswirkung das auf die Bauern hat.
- Ökologie, Ökonomie und Soziales werden als die drei Säulen des Fairtrade bezeichnet. Überprüft die Aussage.

Was ihr noch tun könnt ...
- Bereitet einen Fairtrade-Tag in eurer Schule vor. Informiert dort über den Fairen Handel und zeigt Produkte, die das Fairtrade-Logo tragen.
- Gestaltet eine Wandzeitung über Kakaobauern in Südamerika.

Methode Ein Projekt durchführen

Der Nachhaltigkeit auf der Spur

Eine Gruppe von Schülerinnen und Schülern hatte bei einer Internetrecherche eine Reihe von Informationen über Nachhaltigkeit gefunden. Ihr Vorschlag für ein Projekt zum Thema Nachhaltigkeit wurde angenommen. Nach viel gemeinsamer Arbeit war eine Wandzeitung drei Wochen später fertig und im Klassenzimmer ausgestellt worden. Die Mitschüler und Lehrer konnten sich von der Idee und der Umsetzung des Projektes zur Nachhaltigkeit überzeugen.

Nun wollen auch die anderen Schülerinnen und Schüler ein kleines Projekt organisieren und damit auf das Thema Nachhaltigkeit aufmerksam machen. Sie haben erkannt, dass Nachhaltigkeit nicht nur ein Modebegriff ist, sondern dass eine gemeinsame Zukunft ohne Nachhaltigkeit nicht denkbar ist.

Projekttipps

- Ein Thema wählen, das alle interessiert
- Eine Gruppenbesprechung abhalten und erste Planungen besprechen
- Ziel vereinbaren: Welches Produkt soll entstehen?
- Rechercheaufgaben besprechen
- Aufgaben verteilen
- Termin vereinbaren
- Nächste Teambesprechung planen

1. Beschreibt die Wandzeitung unten (Abb. [1]).
2. Beurteilt das Vorgehen der Schüler.
2. Gestaltet eure Projektergebnisse so, dass sie für die Öffentlichkeit geeignet sind, und besprecht eure Vorschläge.
3. Sammelt Tipps und Methoden, wie Themen anschaulich aufbereitet werden können (Skizzen, Kurzfilme, Bilder ...).

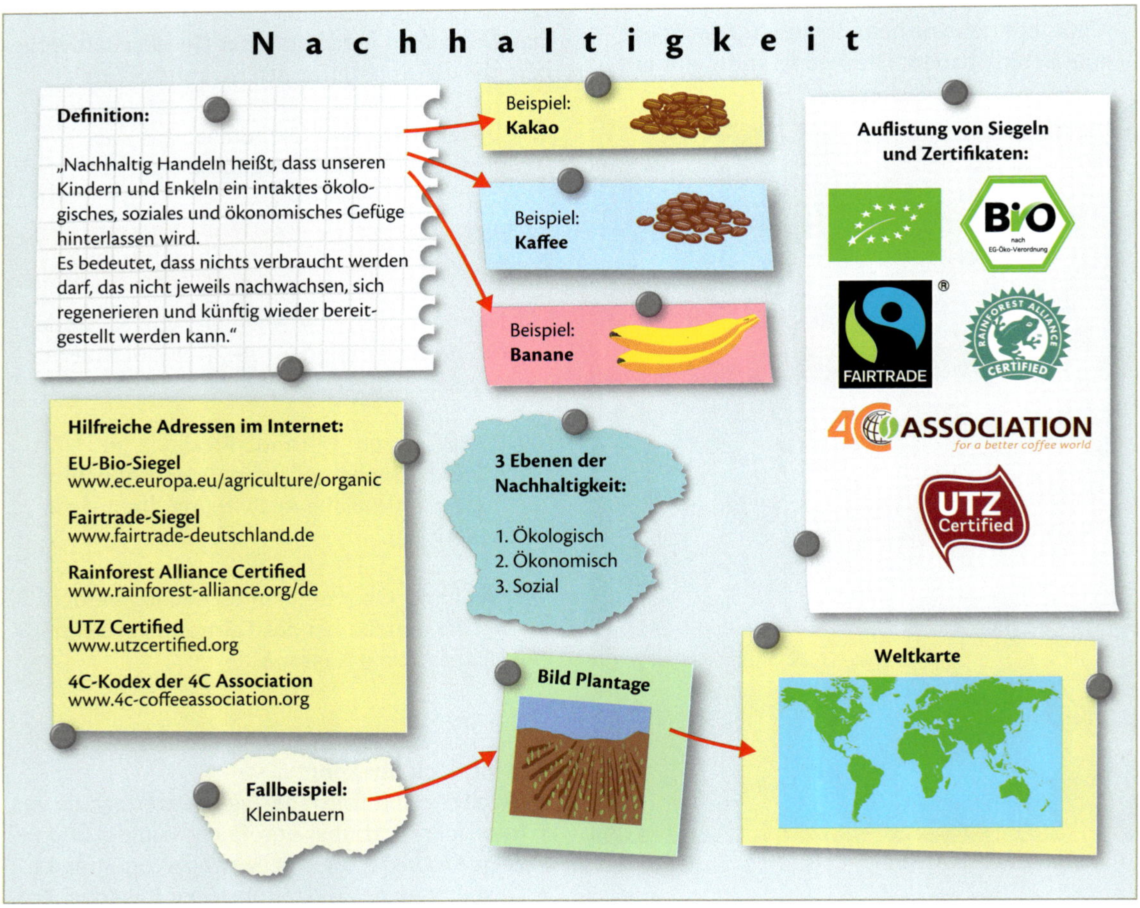

[1] Wandzeitung zum Thema Nachhaltigkeit.

Schritte zum erfolgreichen Projekt

Projektarbeit bedeutet, ein selbst gewähltes Thema oder einen Projektauftrag nach genauer Planung selbstverantwortlich aufzubereiten und zu dokumentieren.
Folgende Schritte können euch dabei helfen:

1. Schritt: Gründlich planen

- Einigung auf Thema, Zielsetzung, mögliche Schwerpunkte, Gruppenbildung, Zeitrahmen, Präsentationsmöglichkeiten
- Aufgabenverteilung konkret festlegen
- Umsetzungsmöglichkeiten erkunden: Internetseiten, Interviewpartner, Anlaufstellen
- Gliederung, Ablaufplan und Regeln erstellen

2. Schritt: Projekt durchführen

- Inhalts- und Materialbeschaffung z. B. in:
  - Bibliotheken, Internet, Medien usw.
  - Experten einladen bzw. interviewen
  - Modelle erstellen
- Regelmäßige Gruppenbesprechungen und Klärung von inhaltlichen und Zuständigkeitsfragen
- Präsentation vorbereiten z. B.
  - Plakate, OHP usw. besorgen
  - Powerpoint-Folien zusammenstellen
  - Karteikarten erstellen

3. Schritt: Material präsentieren

- Material wie geplant präsentieren
  - zum Publikum sprechen
  - auf Körperhaltung achten
  - am Ende Fragen stellen und/oder Feedback geben lassen

4. Schritt: Projektablauf besprechen

- In der Gruppe Projektablauf besprechen
- Folgende Leitfragen sind hilfreich:
  - War das Projekt erfolgreich?
  - Haben wir unsere Ziele erreicht?
  - Wie fühlten sich die Gruppenmitglieder?
  - War die Aufgabenverteilung gerecht?
  - Was lief besonders gut/schlecht?

[2] Eine Arbeitsgruppe bei der Vorbereitung der Präsentation. *Foto, 2013.*

[3] Die Ergebnisse der Arbeit werden präsentiert. *Foto, 2013.*

Auf weiteren Seiten werden zum Thema „Nachhaltigkeit“ Anregungen für projektorientiertes Arbeiten angeboten. Das Material der Buchseiten kann hierfür durch eigene Recherchen z. B. mithilfe des Internets oder anderer Medien abgewandelt und ergänzt werden.

Erdkunde aktiv

Diese Seite richtet sich an alle, die das Thema „Globalisierung“ und „Nachhaltigkeit“ besonders interessiert, die gern lesen, recherchieren, zeichnen ... Ihr könnt die Aufgaben in der Schule oder außerhalb der Schule, allein, zu zweit oder in der Gruppe anpacken und mit den Ergebnissen eine kleine Präsentation organisieren. Denkt auch daran, euer Portfolio zu führen:

- gelungene Ergebnisse in Text und Bild sammeln,
- Lernerfahrungen zum Thema notieren.

1. Planen: Einen Schulausflug vorbereiten

- Einen Ausflug ins Schokoladenmuseum nach Waldenbuch planen und durchführen.
- Informationen sammeln unter www.rittersport.de

2. Backen: Schokoladenrezepte ausprobieren

- Schokoladencookies
  110 g brauner Zucker
  55 g weißer Zucker
  1 Ei
  150 g Mehl
  1/2 TL Salz
  1/2 TL Backpulver
  100 g dunkle Schokoladenchips

Backofen auf 180 Grad vorheizen. Den Zucker mit der weichen Butter verrühren, bis die Masse schaumig wird. Das Ei hinzufügen und nach und nach Mehl, Backpulver und Salz zugeben. Als letztes die Chips unterrühren. Mit zwei Löffeln kleine Häufchen formen und die Cookies aufs Blech mit Backpapier geben. Dabei auf etwas Abstand achten.
Das Blech mit den Cookies in den Ofen schieben und etwa 10 bis 12 Minuten bei angegebener Temperatur backen.

3. ... und ihr?

- Analysiert euer eigenes Konsumverhalten. Überlegt gemeinsam: Welche Waren kauft ihr? Sind recycelte, nachhaltige und fair gehandelte Produkte darunter?
- Was könntet ihr tun, um einerseits fair und andererseits nachhaltig zu handeln?

Das kann ich!

[1] **Begriffe und ihre Bedeutung**

Welthandelsvolumen	Waren werden an verschiedenen Orten produziert und gefertigt
Internationale Arbeitsteilung	Rohstoffe gelangen wieder in den Produktionsprozess zurück
Fairer Handel	Die Summe des Warenwerts aller Güter
Kreislaufwirtschaft	Handelspartnerschaft mit gerechten Bedingungen für die Produzenten auf dem Weltmarkt (ohne Zwischenhändler zur Verbesserung der Lebensbedingungen der Bauern)

[2] Kreislaufwirtschaft.

[3] Wasserverbrauch im Haushalt.

Orientierungskompetenz

1. Nennt Länder und Regionen mit
   a) Wasserüberschuss,
   b) ausreichendem Vorkommen,
   c) gelegentlichem Mangel,
   d) ständigem Mangel.

Analysekompetenz

2. Ordnet den Begriffen aus Abbildung [1] die jeweils passende Erklärung zu.
3. Nennt natürliche Gegebenheiten, die Kakaopflanzen brauchen, um gedeihen zu können.
4. Beschreibt den Produktionsweg eines Produkts von der Fertigung bis zur Entsorgung.
5. Erklärt, was man unter dem Begriff „Fairtrade" versteht.

Urteilskompetenz

6. Beurteilt den Verbrauch von Wasser im Haushalt im Hinblick auf Nachhaltigkeit. Arbeitet mit Abbildung [3].

Handlungskompetenz

7. Beschreibt die Möglichkeiten des Einzelnen, Müll zu vermeiden und mit Ressourcen vernünftig umzugehen (Abb. [2]).

Methodenkompetenz

8. Beschreibt und erläutert euer eigenes Kaufverhalten und das eurer Freunde.
9. Erstellt eine Präsentation zum Thema Welthandel.

Globale Wetter- und Klimaphänomene

Ein Hurrikan entsteht
Hoch oben fotografiert ein Satellit die Erde aus dem Weltraum. Die Fotos werden auf die Erde geschickt und ausgewertet. So wird die Entstehung eines Hurrikans schon frühzeitig beobachtet und es können Vorkehrungen getroffen werden. Menschen werden gewarnt und gegebenenfalls evakuiert, noch bevor der Wirbelsturm tatsächlich Schaden anrichten kann.

1. Beschreibt das Bild, könnt ihr das „Auge" des Hurrikans erkennen?
2. Sammelt an der Tafel, was ihr bereits über Hurrikane wisst.

Schauplatz Ein Hurrikan auf seinem Weg

[1] Verwüstung nach Hurrikan „Sandy" in den USA 2012.

Hurrikan „Sandy" im November 2012
Als sich im November 2012 der Wirbelsturm „Sandy" ankündigte, begannen die Meteorologen Alarm zu schlagen. Ein Mitarbeiter berichtet:

[2] **Bericht eines Meteorologen**
„Wir sahen, wie sich das Tiefdruckgebiet über dem Meer aufbaute. Auf Satellitenaufnahmen konnten wir beobachten, dass sich im Zentrum des Sturms ein Auge zu bilden begann. Daraufhin stuften wir den Sturm als Hurrikan ein.
Die Leute in den umliegenden Küstengebieten wurden über die Sturmwarnung informiert und es wurde sofort mit der Evakuierung begonnen. Viele Menschen verließen das gefährdete Gebiet und fanden bei Familie und Freunden Unterkunft. Nur Stunden später erreichte der Hurrikan das Festland und hinterließ eine Spur der Verwüstung und Zerstörung: Hunderttausende von Menschen wurden obdachlos, Gebäude wurden vollständig zerstört und Schaden in Milliardenhöhe entstand. Insgesamt starben durch „Sandy" 285 Menschen."

(Autorentext, nach Berichten von Betroffenen)

1. Nennt die Folgen von „Sandy" für die Menschen im Sturmgebiet.

[3] **Helen, eine Augenzeugin berichtet:**
„Wir ahnten sehr schnell, was da auf uns zukam. Warnungen des Wetterdienstes wurden ständig im Radio und Fernsehen gesendet und Menschen aus tiefer liegenden Gebieten wurden rasch evakuiert. Als sich der Wirbelsturm näherte, regnete es sehr stark und es begann zu stürmen. Auf den Straßen war niemand mehr unterwegs, Schulen und Läden blieben geschlossen. Alle warteten ab, wie es weitergehen würde. Dann fielen Bäume um, selbst Baukrane knickten ein und der Sturm fegte alles um, was ihm in den Weg kam. Unser Haus wurde vollständig zerstört, wir haben nichts mehr. Im Augenblick wohnen wir bei Verwandten. Wir müssen alles neu aufbauen und ganz von vorne anfangen. Auch unsere Nachbarn haben alles verloren. Aber wir sind glücklich, dass niemand von uns verletzt oder gar getötet wurde."

(Autorentext, nach Berichten von Experten)

2. Gebt mit eigenen Worten wieder, wie Helen den Hurrikan „Sandy" erlebt hat.

3. Erläutert die Entstehung eines Hurrikans über dem Meer mit eigenen Worten. Fertigt dazu eine Stichwortliste.

Erstaunliches zu Hurrikans
Auf seinem Weg, den er mit etwa 35 bis 50 Kilometern in der Stunde zurücklegt, schaufelt der Wirbelsturm unermüdlich Wasserdampf in die Höhe. Dadurch gewinnt er immer mehr an Energie.
Wissenschaftler haben ausgerechnet, dass nur drei Prozent der Energie eines Hurrikans genügen würden, den Energiebedarf der USA für ein halbes Jahr zu decken!

Ein Hurrikan entsteht

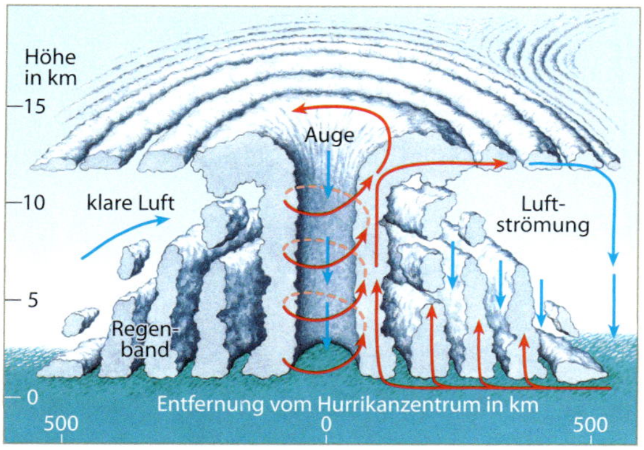

[4] Ein Hurrikan entsteht durch aufsteigende warme Luft über dem Meer.

Tropische Wirbelstürme (Hurrikans) entstehen im Spätsommer überall dort über dem Meer, wo die Temperatur des Oberflächenwassers mindestens 27 Grad Celsius beträgt. Dann lässt die Sonneneinstrahlung große Wassermassen über dem Meer verdunsten. In Erdnähe strömt von allen Seiten Luft nach. Diese beginnt schließlich, sich spiralförmig zu drehen – wie Wasser, das in einen Abfluss fließt. Dies liegt an der Erddrehung. Ein riesiger, trichterförmiger Wirbel entsteht.
Während es in seiner Mitte, dem „Auge", völlig ruhig ist und man dort sogar den blauen Himmel sehen kann, kreisen um das Zentrum gigantische Stürme. Erst wenn der Hurrikan über Festland oder über kühleres Wasser kommt, geht ihm die „Puste" aus, weil der Nachschub an feuchtwarmer Luft fehlt. Das Phänomen tritt an verschiedenen Stellen der Erde auf, immer jedoch mindestens fünf bis acht Breitengrade vom Äquator entfernt.

Wählt einen der folgenden Arbeitsaufträge aus:

- Zeigt im Atlas das Entstehungsgebiet eines Hurrikans und benennt es.
- Erstellt eine Wetterwarnung vor einem nahenden Wirbelsturm. Denkt an die Informationen, die ihr den betroffenen Menschen geben müsst.
- Gestaltet einen Zeitungsartikel, der über die Folgen von „Sandy" informiert. Arbeitet mithilfe der Texte und Abbildungen.

Was ihr noch tun könnt ...

- Informiert euch im Internet über die folgenden Hurrikane und berichtet: Sandy, Katrina, Rita, Mitch, Wilma.
- Informiert euch über Gegenmaßnahmen, die zum Schutz vor Hurrikanen getroffen werden.

[5] Hurrikan „Sandy" nähert sich dem Kontinent Nordamerika.

Orientierung

Welche Wetter- und Klimaerscheinungen gibt es?

[1] Wetterkarte von Europa.

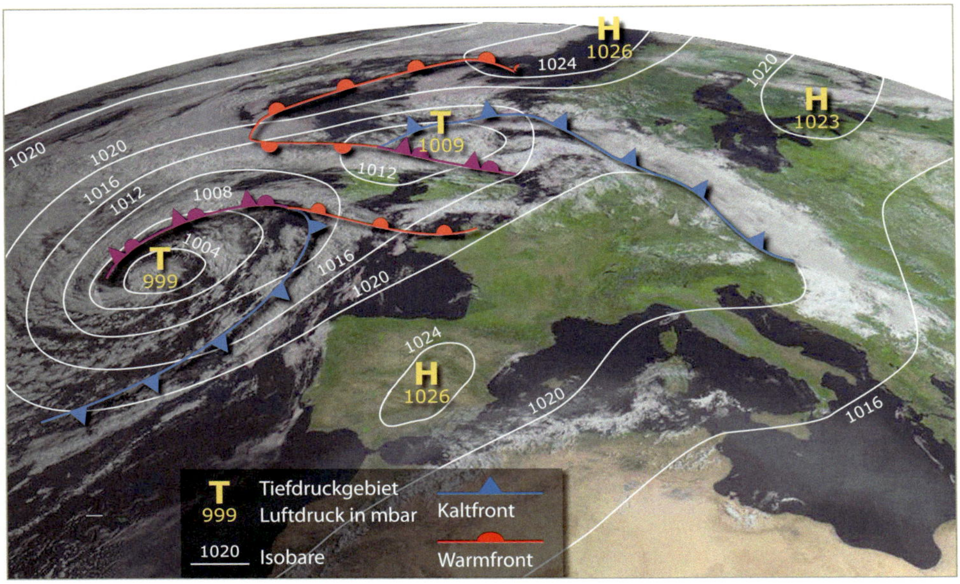

1. Nennt extreme Wetterlagen, die ihr kennt.

Wetter- und Klimaphänomene weltweit

Gewitter, Stürme, der Monsun – jeder kennt die eine oder andere Situation, in der die Natur ihre Kraft zeigt. Manche Gebiete und Länder der Erde werden ganz regelmäßig von extremen Wetterlagen heimgesucht, andere nur unregelmäßig und eher selten. Dies liegt an unterschiedlichen Gegebenheiten. Klima ist nicht an jedem Ort gleich und verschiedene Klimate bringen unterschiedliche Extreme hervor. Die Windrichtung und die Entfernung zu den Ozeanen spielen hierbei eine wichtige Rolle. Einige Klima- und Wetterphänomene lassen sich heute schon relativ sicher vorhersagen, so bleibt Zeit, damit sich die Menschen vorbereiten und schützen können. Andere brechen völlig unvorhergesehen über uns herein und verursachen teilweise große Zerstörungen.

Unterschiedliche Wetterlagen

Unter einer Wetterlage versteht man den Wetterzustand über einem bestimmten Gebiet. Charakteristische Merkmale dieser Wetterlagen wie die Luftdruckverteilung (Hoch, Tief, Fronten) bleiben oft über Tage hinaus erhalten und werden nach einer Dauer von mehr als drei Tagen zusammengefasst als Großwetterlage (in unserem Fall für Europa) bezeichnet.

2. Sammelt euer Vorwissen über die Merkmale der Wetterlagen und beschreibt. Versucht die Begriffe Hoch, Tief und Fronten zu erklären.

3. Beschreibt, was ihr auf den Abbildungen [4]–[6] erkennen könnt. Nennt Gemeinsamkeiten und Unterschiede.

[2] Raureif in Jilin, China.

[3] Eisengel in Cornwall, Großbritannien.

[4] Monsun in Indien.

[5] Gewitter in der Nacht.

[6] Sturm über Berlin.

Globale Wetter- und Klimaphänomene

Mit folgenden und ähnlichen Fragen beschäftigt sich das Kapitel:
Wie entsteht ein Hurrikan?
Warum gibt es in verschiedenen Gebieten ganz bestimmte Wetter- und Klimaphänomene?
Welche Wetterlagen sind typisch für Mitteleuropa?
Was ist eine Warm- und eine Kaltfront?
Wie beeinflusst der Luftdruck das Wetter?

Wichtige Kompetenzen in diesem Kapitel

Orientierungskompetenz
- die verschiedenen Wetter- und Klimaphänomene auf der Weltkarte verorten können

Analysekompetenz
- Ursachen für die Entstehung von Stürmen erklären
- Abhängigkeit des Wetters vom Luftdruck erläutern

Urteilskompetenz
- die Auswirkung von Stürmen auf die Menschen und die Natur beurteilen

Handlungskompetenz
- ein Projekt über einen ausgewählten Lebensraum planen und durchführen

Methodenkompetenz
- Satellitenbilder auswerten und erläutern
- Experimente durchführen

Typische Wetterlagen in Mitteleuropa

Welches Wetter ist „typisch" für Mitteleuropa?

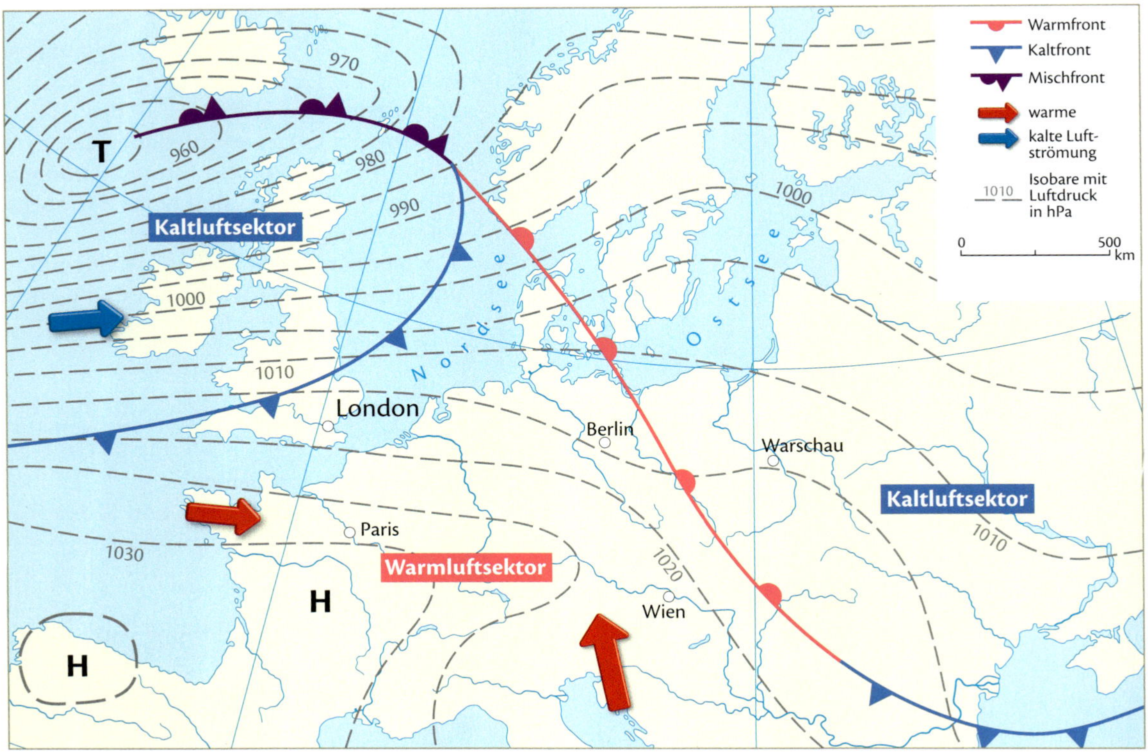

[1] Das Wetter bestimmende Luftströmungen in Mitteleuropa.

1. Betrachtet Abbildung [1] und erklärt die Bewegung der Luftströmungen.

Ganz verschieden und doch ähnlich

Deutschland und seine Nachbarländer in Mitteleuropa liegen in der gemäßigten Zone. Das bedeutet, es gibt ein Jahreszeitenklima mit vier deutlich unterscheidbaren Jahreszeiten: Frühling, Sommer, Herbst und Winter. Dies gilt für alle Länder in Mitteleuropa in gleichem Maße, jedoch in leicht unterschiedlicher Ausprägung. Im Norden Deutschlands unterscheidet sich das Klima vom Süden Ungarns.
Gemeinsam ist allen diesen Ländern aber die ungefähre Lage auf der Erdkugel und damit die ungefähr gleiche Sonneneinstrahlung und der Einfluss des Windes. Dadurch entsteht das im Großen und Ganzen vergleichbare Klima Mitteleuropas.

2. Erklärt den Grund für das vergleichbare Klima in den Ländern Mitteleuropas.

Mitteleuropa zwischen Atlantik und Sibirien

Je weiter man in Europa nach Süden kommt, umso mehr steigt die Jahresdurchschnittstemperatur an. Dies ist natürlich auch von der Höhenlage abhängig. In Mitteleuropa mischen sich atlantische Klimaeinflüsse mit kontinentalen. Westwinde bringen feuchte Luftmassen vom Atlantik. Diese sind im Sommer für verregnete Tage verantwortlich. Kontinentale Einflüsse aus Sibirien bringen im Winter trockene Kälte. Aufgrund der Mittellage zwischen diesen beiden Klimaten fallen die Jahreszeiten in Mitteleuropa recht unterschiedlich aus: Warme Sommer mit heißen Tagen sind ebenso möglich wie feuchte, nur mäßig warme Sommer. In manchen Jahren gibt es im Winter lange frostige Perioden mit Schneefall, in anderen bleibt es weitgehen mild.

3. Nennt auch die Unterschiede, die innerhalb einer Jahreszeit eintreten können.

Wählt einen der folgenden Arbeitsaufträge aus:

- Beschreibt das Wetter in Mitteleuropa.
- Erklärt, wie es im Sommer zu verregneten Tagen kommen kann. Welche Winde sind dafür verantwortlich?
- Begründet schriftlich, warum das Wetter innerhalb der einzelnen Jahreszeiten in Mitteleuropa so unterschiedlich sein kann.

Was ihr noch tun könnt …

- Zeichnet den Umriss von Mitteleuropa so genau wie möglich nach. Tragt in eure Karte dann die beiden Luftströmungen ein, die für unser Wetter verantwortlich sind.
- Findet heraus, welche Staaten zu Osteuropa, zu Nordeuropa, zu Südeuropa und zu Westeuropa gehören. Legt eine Liste an.
- Vergleicht die Wetterbeobachtungen der vergangenen drei bis fünf Jahre zu einem Zeitpunkt eurer Wahl (bestimmter Feiertag, Monat, Geburtstag etc.). Recherchiert im Internet bzw. fragt in eurem Umfald nach.

[2] Winter – mal Schnee, mal keiner.

[3] Sommer so … oder auch so.

Luftdruck – Motor des Windes

Was wiegt Luft?

Kleines Experiment zum Luftdruck
Du benötigst: 3 Luftballons, Bindfaden oder Zwirn, einen Kleiderbügel

1. Blase einen Luftballon auf und befestige diesen an der einen Seite des Kleiderbügels.
2. Befestige den zweiten Luftballon unaufgeblasen an der anderen Seite des Kleiderbügels.
3. Beschreibe deine Beobachtungen und erkläre diese.
4. Blase nun den dritten Luftballon auf. Erkläre, warum es immer schwerer wird, den Ballon aufzublasen, je mehr Luft im Luftballon ist. Erläutere, warum die Luft wieder entweicht, wenn du den Luftballon nicht richtig zuhältst oder zubindest.

[1] Experiment zum Luftdruck.

1. Beschreibt eure Vermutungen. Überlegt und schätzt, was Luft wiegt.
2. Führt das Experiment zum Luftdruck durch. Sprecht über eure Beobachtungen und beschreibt.

Luft hat ein Gewicht

Luft ist für uns etwas Selbstverständliches. Da sie gasförmig ist, sehen wir sie nicht, nehmen sie aber wahr. Das geschieht zum Beispiel, wenn Luft aus einem Wasserball entweicht oder wir im Winter ausatmen.

Luft hat auch ein Gewicht, dass wird besonders dann deutlich, wenn sie als Sturm mit hoher Geschwindigkeit gegen Bäume oder Häuser trifft und großen Schaden anrichtet. Doch selbst wenn es völlig windstill ist, lastet die Luft schwer auf unseren Köpfen.
Sie wiegt über einem Quadratzentimeter (cm^2) der Erdoberfläche mindestens ein Kilogramm. Dieses Gewicht übt einen Druck aus, der mithilfe eines Barometers gemessen werden kann. Die Einheit des Luftdrucks lautet Hektopascal (hPa).

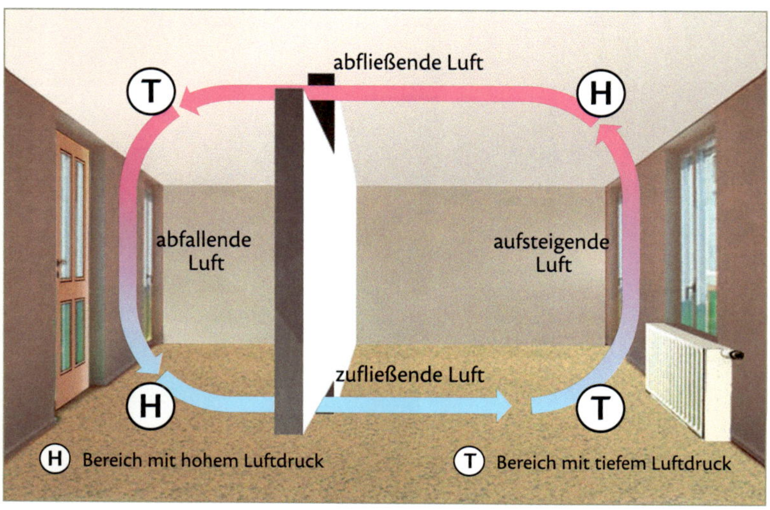

[2] Luftströmung zwischen kaltem und warmem Raum.

Luftdruck – mal hoch, mal tief

Der durchschnittliche Luftdruck auf Meeresspiegelhöhe beträgt 1013 Hektopascal. Gebiete mit einem Luftdruck darunter nennt man Tiefdruckgebiete, Gebiete mit einem Luftdruck darüber nennt man Hochdruckgebiete.

Der Luftdruck ist nicht überall auf der Erde gleichmäßig verteilt und verändert sich ständig. Die Ursachen dafür liegen in der unterschiedlichen Erwärmung der Erde durch die Sonneneinstrahlung sowie im Wechsel zwischen Tag und Nacht. Wird Luft erwärmt, so dehnt sie sich aus und steigt auf.

Am Boden bildet sich tiefer Luftdruck, da die Anzahl der Luftteilchen abnimmt. Kalte Luft hingegen ist schwerer als warme Luft und sinkt nach unten. Dadurch nimmt die Anzahl der Luftteilchen am Boden zu und der Luftdruck steigt. Die Luft ist bestrebt, die so entstandenen Luftdruckunterschiede auszugleichen. Deshalb strömt sie aus den Gebieten mit hohem Luftdruck in Gebiete mit tiefem Luftdruck. Tiefdruckgebiete ziehen also Luft aus den Hochdruckgebieten an.

3. Am Boden herrscht höherer Luftdruck als in großer Höhe. Erklärt diese Aussage.

Druckausgleich durch Wind

Den Luftausgleich zwischen Hoch- und Tiefdruckgebieten nehmen wir als Wind wahr. Wind weht also immer vom Hochdruck- zum Tiefdruckgebiet. Durch die Erddrehung wird der Wind abgelenkt. Auf der Nordhalbkugel erfolgt diese nach rechts. Auf der Südhalbkugel nach links. Aus dem Hoch strömt die Luft auf der Nordhalbkugel im Uhrzeigersinn heraus und gegen den Uhrzeigersinn in das Tief hinein. Auf der Südhalbkugel passiert dies genau in entgegengesetzter Richtung. Deutschland und Westeuropa liegen im Einflussbereich der Westwindzone.

4. Erläutert die Entstehung von Hoch- und Tiefdruckgebieten.

Otto von Guericke

Der Entdecker des Luftdrucks war Otto von Guericke, der bereits 1663 in Magdeburg einen interessanten Versuch machte.

Er ließ zwei Pferdegespanne an zwei gegeneinander gedrückten metallischen Halbkugeln zerren, die er luftleer gepumpt hatte.

Doch sie schafften es nicht, die Halbkugeln voneinander zu trennen – zu stark war der Druck der Luft von außen auf die Kugeln.

Dadurch bewies von Guericke, dass die Luft mit ihrem Gewicht große Kräfte erzeugen kann und damit ein Luftdruck existiert.

[3] Magdeburger Halbkugelversuch.

Wählt einen der folgenden Arbeitsaufträge aus:

- Haltet vorsichtig eine brennende Kerze oben und unten in die geöffnete Tür des Klassenzimmers. Erklärt die Richtung der Flamme mithilfe von Abbildung [2].
- Messt mit einem Barometer den Luftdruck auf dem Schulhof und im Klassenzimmer. Erklärt euer Ergebnis.
- Schreibt einen kurzen Text über die Entstehung von Wind. Verwendet die Begriffe Luftdruck, Luftteilchen, Druckunterschiede, ausgleichen.

Frontenbildung auf der Wetterkarte

Hat Luft eine Grenze?

[1] Beim Wetterdienst in München.

1. Sammelt euer Vorwissen über Wetterkarten und Wettervorhersagen. Schreibt eine Stichwortsammlung an die Tafel.
2. Überlegt gemeinsam: Wann ist es sinnvoll oder gar wichtig, über das Wetter der kommenden Tage informiert zu sein?

Das Wetter vorhersagen

Manchmal ist es gut zu wissen, wie am nächsten Tag das Wetter werden wird. Dafür erarbeiten die Meteorologen täglich Wettervorhersagen.
Überall auf der Welt gibt es Wetterstationen, die meteorologische Elemente wie Luftdruck, Temperatur, Windrichtung und Bewölkung messen und erfassen. Aus diesen Beobachtungen werden Wetterkarten erstellt. Sie beschreiben entweder den Zustand zu einem bestimmten Zeitpunkt oder machen eine Vorhersage, wie das Wetter werden wird.

Elemente und Symbole auf der Karte

Wetterkarten kennt ihr aus dem Fernsehen oder aus der Zeitung. In Abbildung [2] seht ihr einen Ausschnitt aus einer Wetterkarte für Europa. Auf einer solchen Karte gibt es viele verschiedene Symbole, Zahlen und Linien. Die großen Buchstaben H und T zeigen an, wo sich ein Hoch- (Hoch) bzw. ein Tiefdruckgebiet (Tief) befindet.
Über die Verteilung des Luftdrucks informieren die dünnen schwarzen Linien. Sie umkreisen immer ein Gebiet, in dem der Luftdruck gleich ist und heißen Isobaren. Eine kleine Zahl auf der Linie gibt den Luftdruck an, zum Beispiel 1060 Millibar.
Hat Luft über einem größeren Gebiet die gleiche Temperatur, so spricht man von einer Luftmasse. Sie werden in warme und kalte Luftmassen unterschieden.

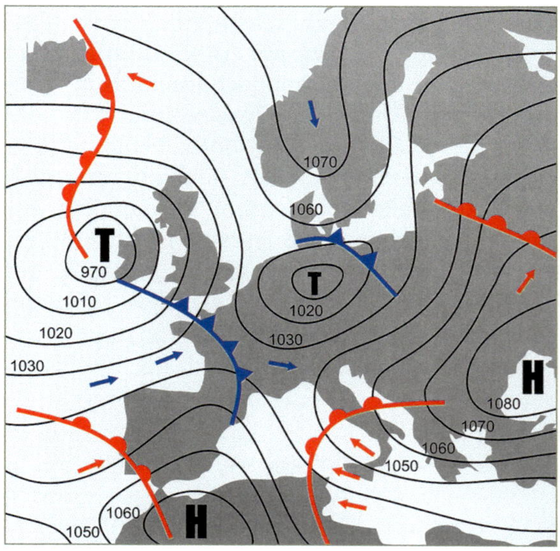

[2] Wetterlage in Europa.

3. Nennt die Staaten, über denen jeweils ein Hoch- und ein Tiefdruckgebiet zu sehen sind (Abb. [2]).

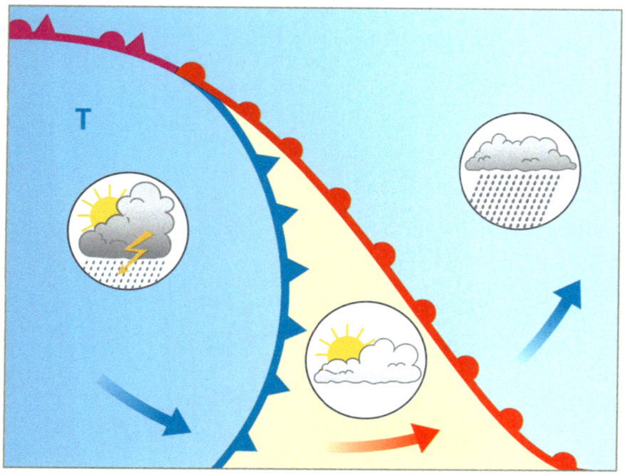

[3] Wetter an Warm- und Kaltfront.

Fronten entstehen

Treffen Luftmassen mit verschiedenen Temperaturen aufeinander, so entstehen Fronten. Man unterscheidet zwischen Warmfront und Kaltfront. Diese Fronten kann man sich wie eine Grenze zwischen verschiedenen Gebieten vorstellen.

Eine Kaltfront entsteht

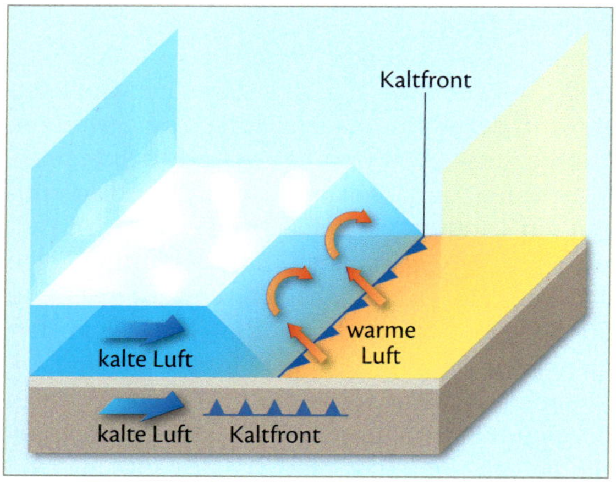

[4] Entstehung einer Kaltfront.

Bewegt sich eine kalte Luftmasse auf eine warme zu, so nennt man diese Front eine Kaltfront. Die kalte Luft unterwandert die warme, leichtere Luft keilförmig und schiebt diese sehr schnell nach oben. Dabei entstehen große Wolkentürme und es kommt zu heftigen Niederschlägen. Die Temperaturen gehen zurück, es wird kühler. Die Kaltfront wird auf der Wetterkarte als (blaue) Linie mit kleinen Dreiecken dargestellt.

Eine Warmfront entsteht

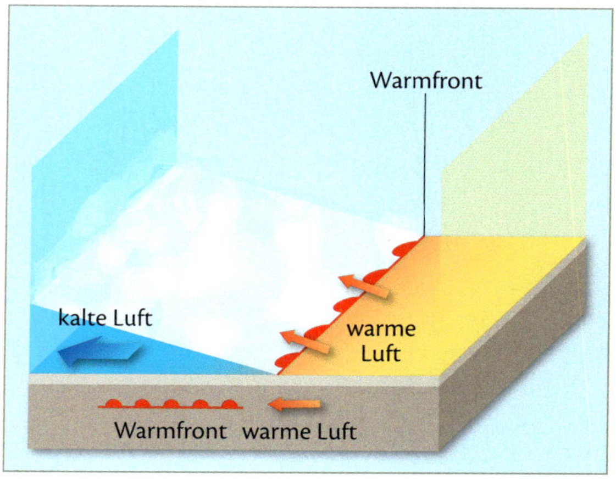

[5] Entstehung einer Warmfront.

Wenn sich eine warme Luftmasse auf eine kalte Luftmasse zubewegt, entsteht eine sogenannte Warmfront. Die warme Luft gleitet in einer schrägen Fläche auf die kalte Front auf. Da warme Luft leichter ist als kalte, steigt sie entlang der kalten Luft nach oben. Dabei kühlt sie sich langsam ab und es bilden sich Wolken und oft auch Regen. Meistens steigen danach die Temperaturen. Die Warmfront wird durch eine (rote) Linie mit kleinen Halbkreisen dargestellt.

4. Betrachtet Abbildung [2] und zeigt die Wetterfronten auf der Karte.

Wählt einen der folgenden Arbeitsaufträge aus:

- Beschreibt mit eigenen Worten die Begriffe „Kaltfront“ und „Warmfront“.
- Erläutert schriftlich mit eigenen Worten, wie eine Kaltfront und wie eine Warmfront entsteht.
- Überprüft die allgemeine Aussage „In London regnet es immer sehr viel.“ anhand der Materialien.

Was ihr noch tun könnt...

- Sucht in Zeitungen nach verschiedenen Wetterkarten. Hängt sie im Klassenzimmer auf und schreibt Erläuterungen dazu.

WEBCODE: MZ652471-105

Stürme aller Arten

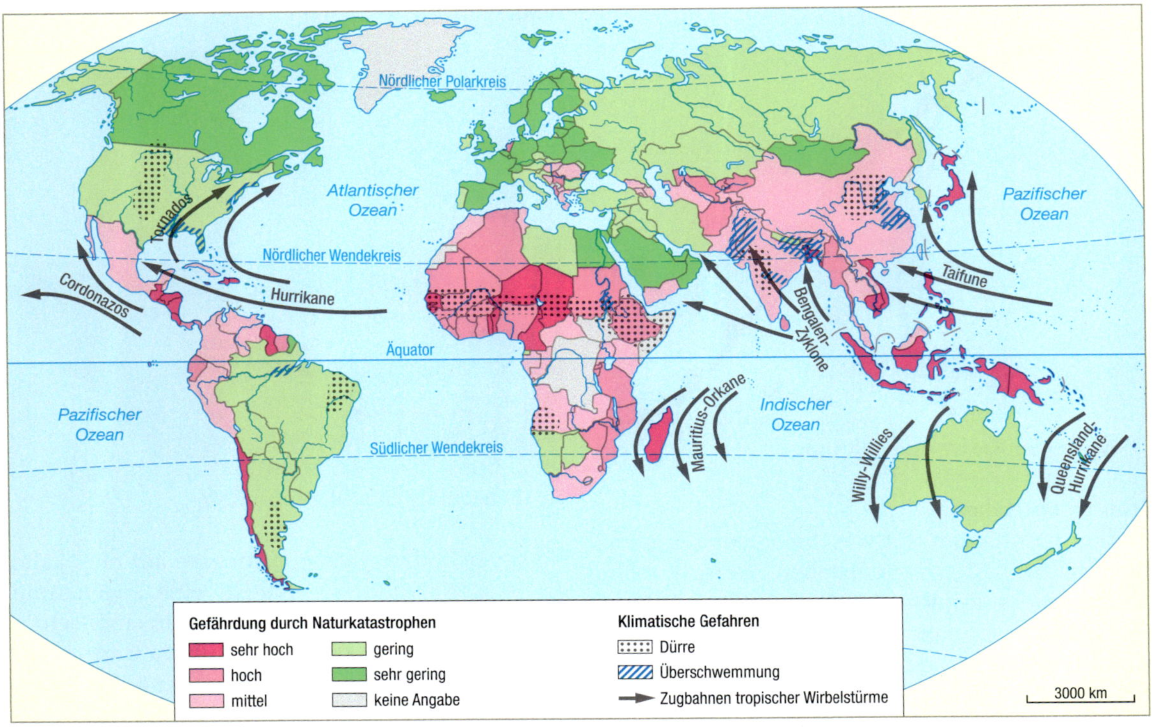

[1] Gefahr durch Stürme (Dürren, Überschwemmungen).

1. Betrachtet die Karte und nennt die klimatischen Gefahren oder Naturkatastrophen auf den Kontinenten.

Von tropischen und außertropischen Stürmen
Sturmwinde können entstehen, wenn auf kurzen Entfernungen hohe Druckunterschiede auftreten. Häufig kommen sie über dem Meer vor, da dort weniger Bodenreibung herrscht. So können sich die Winde besser entfalten als auf dem Festland und erreichen wesentlich häufiger Sturmstärke. Zudem können tropische Wirbelstürme, wie Hurrikane und Taifune, nur über dem Meer entstehen und schwächen über Landmassen rasch ab.

2. Nennt Länder, die von Stürmen betroffen sein können. Legt eine Tabelle an (Atlas, Abb. [1]).

Art des Sturms	Betroffene Gebiete
Orkan	...
Tornado	...
...	...

Sturmschäden
Direkte Sturmschäden betreffen vor allem das Abdecken von Dächern, in waldreichen Gebieten kommt der Sachschaden durch umgeworfene Bäume hinzu. Von Bedeutung sind auch indirekte Schäden, zum Beispiel durch die Ablagerungen auf Landwirtschaftsflächen bei einem Sandsturm oder Hagelschäden. Eine schlimme Folge der Stürme können Überschwemmungen sein. Für Menschen geht die größte Gefahr von herumfliegenden Gegenständen, herabfallenden Ästen und umfallenden Bäumen aus. Darum ist es bei einem Sturm am sichersten, sich in den unteren Etagen eines stabilen Gebäudes aufzuhalten.

3. Beschreibt Schäden durch Stürme, die euch aus eurer Region bekannt sind.

Stürme – ähnliche Wirkung, unterschiedliche Entstehung
Es gibt viele verschiedene Namen für Stürme. Jeder Wind, der eine bestimmte Stärke oder Geschwindigkeit erreicht und an einem bestimmten Ort der Erde auftritt, heißt anders. Wie kann man die verschiedenen Stürme unterscheiden?

Orkan
Orkane sind Tiefdruckgebiete größter Windstärke. Der Wind weht mit einer Stärke von mindestens 12 auf der Beaufortskala. Dies entspricht einer Geschwindigkeit von etwa 118 km/h. Orkane dauern in der Regel einige Stunden, aber nie länger und können auch in Europa auftreten.

[2] Nach Orkan „Niklas" 2015 in Hessen.

Tornado
Ein Tornado ist ein kleinräumiger Luftwirbel, der einen Schlauch oder Rüssel ausprägt und über dem Festland entsteht. Er befindet sich über einem eng begrenzten Gebiet. Allerdings kann er sich sehr schnell bewegen und so eine größere Entfernung zurücklegen, ehe er sich wieder legt. Der Luftwirbel erstreckt sich fast senkrecht vom Boden bis zur Wolkenuntergrenze. Ein Tornado dauert im Schnitt etwa 10 Minuten und kann durch den extremen Unterdruck große Verwüstungen verursachen.

[3] Tornado.

Taifun
Ein Taifun ist ein tropischer Wirbelsturm. Er kommt in Ostasien wie auch Südostasien und den nordwestlichen Teilen des Pazifischen Ozeans immer nördlich des Äquators vor. Auch der Taifun bringt extrem starke Regenfälle und sorgt für großräumige Zerstörung.

[4] Taifun „Hajyan" 2013 auf den Philippinen.

Zyklon
Der Zyklon ist ein heftiger Wirbelsturm, der im Indischen Ozean, im südlichen Pazifik und südlich des Äquators vorkommt. Auch er bringt durch seine starken Windböen Häuser zum Einsturz, verwüstet Landstriche und gefährdet das Leben vieler Menschen.

[5] Zerstörung durch Zyklon „Nargis" 2008 in Birma.

Wählt einen der folgenden Arbeitsaufträge aus:

- Nennt Gebiete mit häufigen Stürmen.
- Vergleicht die Sturmarten miteinander.
- Gestaltet eine Collage zu Sturmschäden.

Gewitterwetter

Wie entstehen Blitz und Donner?

[1] Gewitter über Stuttgart.

1. Beschreibt, welche Erfahrungen ihr mit Gewittern gemacht habt.

Ein Gewitter zieht auf

Besonders an schwülen Sommernachtmittagen entstehen oft Gewitter. Dies kommt daher, dass die sommerliche feuchtwarme Luft vom Boden aufsteigt und dort auf kältere Luftschichten trifft. Dabei kühlt die Luft ab und bildet in der Luft kleine Wassertropfen. Aus diesen Tropfen entstehen wiederum Wolken, die mehrere Kilometer hoch am Himmel stehen und gut zu beobachten sind. Noch handelt es sich um reine Wasserwolken, aber durch sie kann es bereits zu heftigen Regenschauern kommen.

Erst wenn sich im oberen Teil der Wolke durch Abkühlung Eis bildet, kann eine Gewitterwolke entstehen.

2. Charakterisiert die Luftmassen und deren Bewegungen kurz bevor ein Gewitter entsteht.

Wie entsteht ein Gewitter?

Gewitter können entstehen, wenn die Temperatur am Boden wesentlich höher als in den oberen Luftschichten ist. Die unteren, feuchtwarmen Luftschichten steigen nach oben und kondensieren auf ihrem Weg. Im Wasserdampf ist Energie verborgen, die bei der Kondensation in Form von Wärme freigesetzt wird.

Die Grundbedingungen für ein Gewitter sind

- geeignete Temperaturschichtung und
- Feuchte in Bodennähe.

Sind diese Grundbedingungen gegeben, muss dennoch nicht zwangsläufig ein Gewitter entstehen. Erst, wenn die feuchtwarme Luft vom Boden aufsteigt, kann es zur Ausbildung von Gewittern kommen. Dafür sind allerdings unter anderem auch die Wind- und Luftdruckverhältnisse entscheidend.

Achtung – Lebensgefahr!

Ein Gewitter ist immer ein spannendes Schauspiel. Es ist jedoch auch eine sehr gefährliche Naturerscheinung und jedes Jahr gibt es viele Todesopfer unter Menschen und Tieren, die von Gewittern verursacht werden.

Blitze schlagen bevorzugt in den höchsten Punkt im Gelände ein oder werden von Metallgegenständen angezogen. Dies können auch Weidezäune sein, die für in der Nähe weidende Tiere lebensgefährlich werden. An Gebäuden sind Blitzableiter vorgeschrieben, um Brände zu verhüten.

Während eines Gewitters sind	
gefährliche Orte	**sichere Orte**
– Hügel – Aussichtstürme – Gewässer (See, Schwimmbecken) – Masten und Metallzäune – Einzeln stehende Bäume	– Gebäude mit Blitzschutzanlagen (Wohnhaus, öffentliche Gebäude) – Autos, Fahrzeuge

3. Nennt die richtigen Verhaltensregeln bei einem Gewitter.

Vom Blitz zum Donner

Zum Gewitter gehören Blitz und Donner, das kennt jeder. Aber welchen Zusammenhang gibt es zwischen diesen beiden Erscheinungen?

Ein Blitz ist eine elektrostatische Entladung – wenn sich eine Gewitterwolke stark genug aufgeladen hat, fließt die Ladung über den Blitz ab. In der Wolke kondensiert zunächst der Wasserdampf zu kleinen Wassertropfen, die von den Aufwinden mitgerissen werden. Diese erreichen Geschwindigkeiten von bis zu 150 km/h. Währenddessen wachsen die Tropfen stetig. Hoch oben gefrieren die Tropfen durch die kältere Luft und fallen als Graupel wieder hinunter. Unterwegs stoßen sie mit anderen Eiskristallen im Aufwind zusammen. Diese Eiskristalle geben bei der Kollision Elektronen an die größeren Graupelteilchen ab. Der Graupel lädt sich also negativ auf, die Eiskristalle positiv. So kommt es, dass der Graupel die negative Ladung nach unten trägt und die Eiskristalle die positive nach oben. Ist die Spannung in der Wolke hoch genug, entlädt sich ein Blitz. Und das Geräusch der Entladung nehmen wir als lauten Donner wahr.

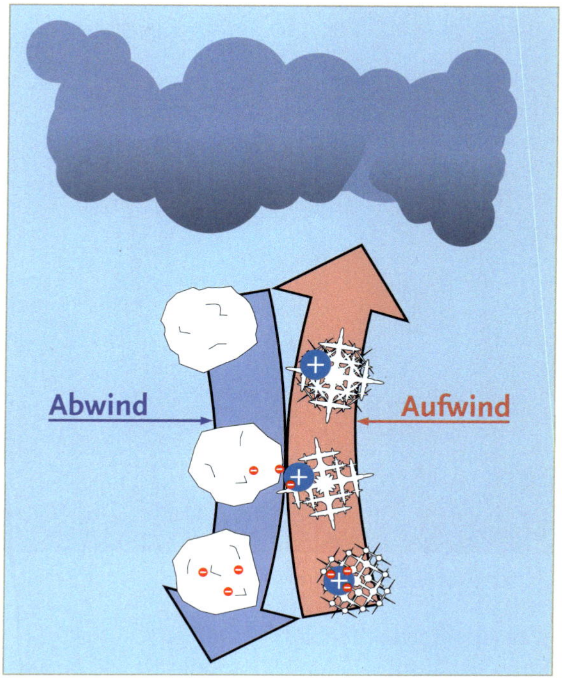

[2] Entstehung von Blitz und Donner.

4. Erläutert die Entstehung eines Blitzes mit eigenen Worten. Fertigt einen Hefteintrag.

Wählt einen der folgenden Arbeitsaufträge aus:

- Beschreibt in einem Kurzreferat die Entstehung von Gewittern.
- Übertragt die Tabelle auf ein Poster und arbeitet damit ein Merkplakat mit Verhaltenstipps bei Gewittern heraus.
- Begründet, warum Gewitter nur sehr schwer vorhersagbar sind.

Was ihr noch tun könnt...

- Entwerft einen Flyer über die Gefahren eines Gewitters. Gebt auch Sicherheitshinweise.
- Informiert euch im Internet über Blitze während eines Vulkanausbruchs.

Methode Satellitenbilder auswerten

[1] Satellitenbild vom Bodensee.

Was ist ein Satellitenbild?

Eine Strahlungs- oder Lichtquelle ist die Grundvoraussetzung für die Fernerkundung mit Satelliten. In den meisten Fällen wird dafür das Sonnenlicht genutzt, es kann aber auch eine „Beleuchtung" der Erde durch Radar- oder Laserstrahlen herangezogen werden. Gelangen diese Strahlen auf eine Oberfläche, so wird ein Teil der Strahlung wieder zurückgesandt und vom Sensor am Satellit aufgenommen. Während das menschliche Auge nur bestimmte Farben wahrnehmen kann, besitzen die Satelliten die Fähigkeit, eine weitaus größere Anzahl an unterschiedlichen Wellenlängen zu verarbeiten.

Dies bedeutet aber auch, dass ein Satellit kein herkömmliches Foto der Erdoberfläche liefert, sondern eine veränderte Darstellung, die erst gedeutet werden muss.

Sensor: elektronischer Fühler, Signalmesser

Satellit: Flugkörper, der die Erde umkreist und bestimmte wissenschaftliche oder technische Aufgaben erfüllt

1. Schritt: Satellitenbild einordnen

- Auf welchem Kontinent und in welchem Land könnte das Gebiet liegen, welche Besonderheiten sind auffallend?
- Sucht geeignete Karten im Atlas, die das Gebiet zeigt, welches auf dem Satellitenbild dargestellt ist. (Zu welcher Tageszeit und in welcher Jahreszeit ist die Aufnahme erstellt worden?)

2. Schritt: Objekte beschreiben

- Tragt eure Kenntnisse darüber zusammen.
- Bestimmte Farben kennzeichnen bestimmte Gebiete und Objekte – benennt diese.
- Beschreibt die Objekte (Gewässer, Orte, Formen).

3. Schritt: Inhalte auswerten

- Deutet den Inhalt und eure Beobachtungen und wertet sie aus.
- Leitet daraus räumliche Informationen zum Klima, der Vegetation, der Besiedlungsdichte usw. ab.

Beispiel Australien:

1. Das ist eine Satellitenaufnahme vom Südosten Australiens. Was könnt ihr darauf erkennen? Nennt alle Auffälligkeiten.

1. Schritt: Satellitenbild einordnen

- Verortet das Satellitenbild und stellt die Himmelsrichtungen fest.
  Hier ist Australiens Südostküste dargestellt. Das Satellitenbild ist genordet. Es ist also so abgebildet, dass der obere Bildrand nach Norden zeigt – wie bei Karten ohne Nordpfeil.
- Welche Besonderheiten fallen auf?
  Auf diesem Satellitenbild fällt die starke Verteilung der gelblichen Töne auf, grün ist dagegen wenig vertreten.
- Sucht geeignete Karten im Atlas, die das Gebiet zeigen, welches auf dem Satellitenbild dargestellt ist.
  Hierfür eignet sich eine Karte, auf der der Kontinent Australien abgebildet ist.

[2] Satelittenbild Australien.

2. Schritt: Objekte beschreiben

- Beschreibe einzelne Objekte und deren Verteilung.
  Die typische Küstenform zeigt die Südostküste Australiens. Im unteren Bilddrittel ist die dunkelblaue große Fläche des Meeres zu sehen. Sie umschließt die grüne Fläche der Insel Tasmanien. Dunkelgrün sind die Gebirgszüge auf der Insel Tasmanien und im Südosten des Australischen Berglandes zu erkennen. Das Australische Tiefland tritt intensiv grün im zentralen Teil des Auschnittes hervor. Der obere Bildbereich ist durch Gelb- und Brauntöne gekennzeichnet. Die weißen Stellen wie im Südwesten sind Wolken.

3. Schritt: Inhalte auswerten

- Deutet den Bildinhalt und nutzt weitere Medien.
  Klimatisch bedingt, breitet sich nördlich von Melbourne die Feuchtsavanne aus, die für Weidehaltung genutzt wird. Im zentralen und nördlichen Bildteil ist wenig Grün zu sehen, da es in den Wüsten und Halbwüsten keine geschlossene Vegetationsdecke gibt. Im Küstenbereich ist die stärkere Besiedlung deutlich zu erkennen, wie das vor allem im südöstlichen Teil Australiens und auf Tasmanien, der Insel im Süden, zu erkennen ist.

Der Passatkreislauf

Was ist die ITC und wie wird der Passat davon beeinflusst?

[1] Die Erde im Weltraum. *Satellitenbild, 2013.*

1. Beschreibt das Satellitenbild.

Der Passatkreislauf

Wo die Sonnenstrahlen steil oder sogar senkrecht einfallen, erwärmt sich die Erdoberfläche stark. Diese erwärmt die darüber liegende Luft, die dadurch aufsteigt. Es bildet sich am Boden eine Zone tiefen Luftdrucks. Dies ist am Äquator ganzjährig der Fall. Der Wasserdampf kondensiert, es entstehen mächtige Gewitterwolken.
In der Höhe strömt die kühle und „abgeregnete" Luft nach Norden und Süden in Richtung der Wendekreise. Dort sinkt sie ab und erwärmt sich. Die Wolken lösen sich auf, da warme Luft mehr Wasserdampf aufnehmen kann als kühle Luft. Daher liegen im Bereich der Wendekreise die größten Wüsten Afrikas. Diese Gebiete werden auch als trockene Tropen bezeichnet.
Durch das Absinken der Luftmassen entsteht am Boden an den Wendekreisen eine Hochdruckzone. Von dort fließt die Luft wieder in Richtung Äquator zur dortigen Tiefdruckzone. Der Luftkreislauf ist geschlossen. Die Winde, die beständig äquatorwärts wehen, nennt man Passate.

2. Erläutert den Passatkreislauf und fertigt einen Hefteintrag.

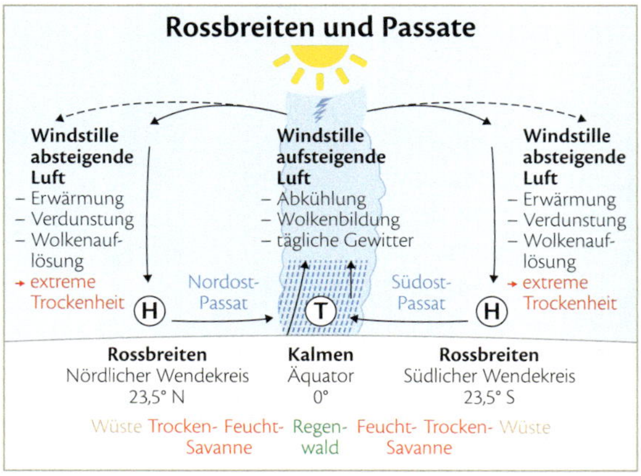

[2] Schema ITC: Rossbreiten und Passate.

Nordost- und Südostpassat

Durch die Erddrehung werden alle Winde in ihrer Richtung abgelenkt. Auf der Nordhalbkugel entsteht so ein Nordostpassat. Auf der Südhalbkugel weht ein Südostpassat Richtung Äquator (Abb. [2]). Beide treffen sich in der sogenannten Innertropischen Konvergenzzone (ITC).

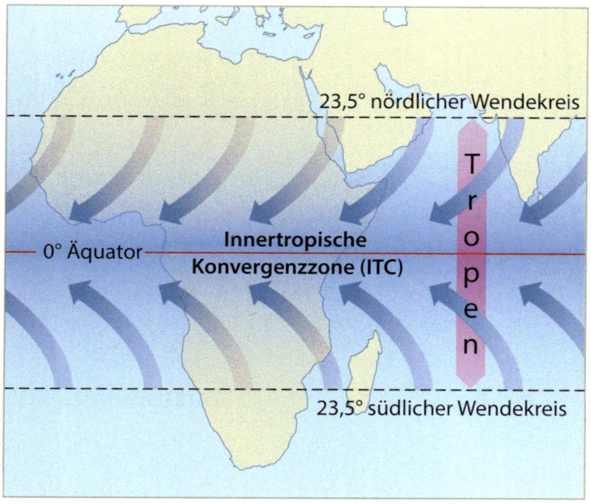

[3] ITC und Passate.

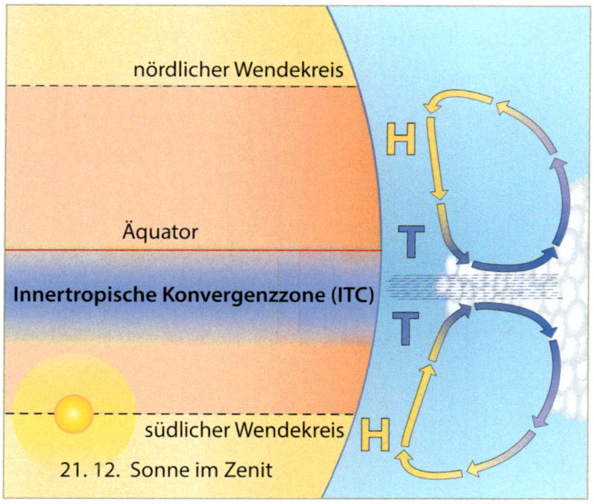

[4] Der Passatkreislauf im Dezember.

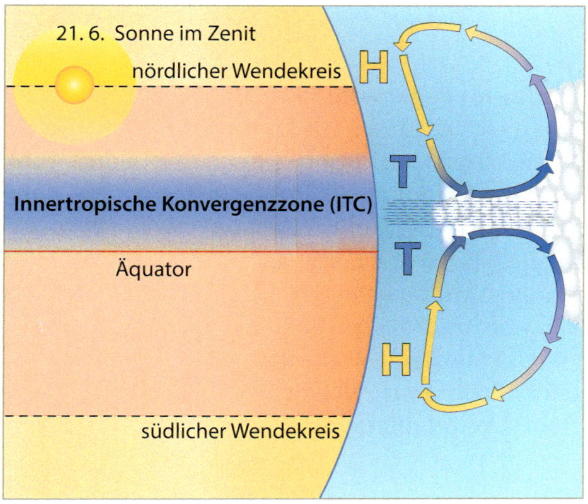

[5] Der Passatkreislauf im Juni.

Der Passatkreislauf „wandert"

Das System des Passatkreislaufs steht nicht fest über dem Äquator, sondern es verschiebt sich mit dem Zenitstand der Sonne – in unserem Sommer nach Norden, im Winter nach Süden. Aber dieses „System" ist träger und langsamer als die „Wanderung" des Sonnenhöchststandes, es hinkt gewissermaßen hinterher. Deshalb erreichen die Regengebiete der ITC kaum einmal die Wendekreise. Am Äquator gibt es aber keinen Monat ohne Regen. Deshalb spricht man hier von einem immerfeuchten Tropenklima.

Im Bereich der ITC regnet es besonders heftig. Diese Niederschläge nennt man Zenitalregen, sie treten überall dort auf, wo die ITC liegt. Die ITC verläuft in der Realität nicht als streng zum Äquator parallele Zone. Ihr Verlauf wird vor allem durch die unterschiedliche Verteilung von Land- und Wasserflächen beeinflusst.

Zwischen dem Äquator und den Wendekreisen gibt es eine Regenzeit im Jahr. Sie dauert umso länger, je näher das Gebiet am Äquator liegt. Wegen des Wechsels von Regen- und Trockenzeiten bezeichnet man das Klima in diesem Raum als wechselfeuchtes Tropenklima.

3. Erläutert, warum im Bereich der Wendekreise die großen Wüstengebiete der Erde liegen.

4. Verdeutlicht mit eigenen Worten, wie der Passatkreislauf „wandert".

Wählt einen der folgenden Arbeitsaufträge aus:

- Nennt die Ursachen für die Entstehung des Nordostpassats und des Südwestpassats.
- Erläutert mithilfe von Skizzen, warum es am Äquator so viel regnet.
- Gestaltet ein Lernplakat für ein Kurzreferat über die Entstehung von Regen- und Trockenzeiten in Afrika. Bezieht dabei den Begriff der ITC ein.

Was ihr noch tun könnt ...

- Gestaltet einen „Tropentag" mit Fragen wie: Welche tropischen Früchte gibt es? Welche Tiere leben dort? Wie sehen Wohnhäuser aus? Wie ist das Wetter dort?

WEBCODE: MZ652471-113

Tropenklima im Regenwald

Ein Klima wie im Gewächshaus?

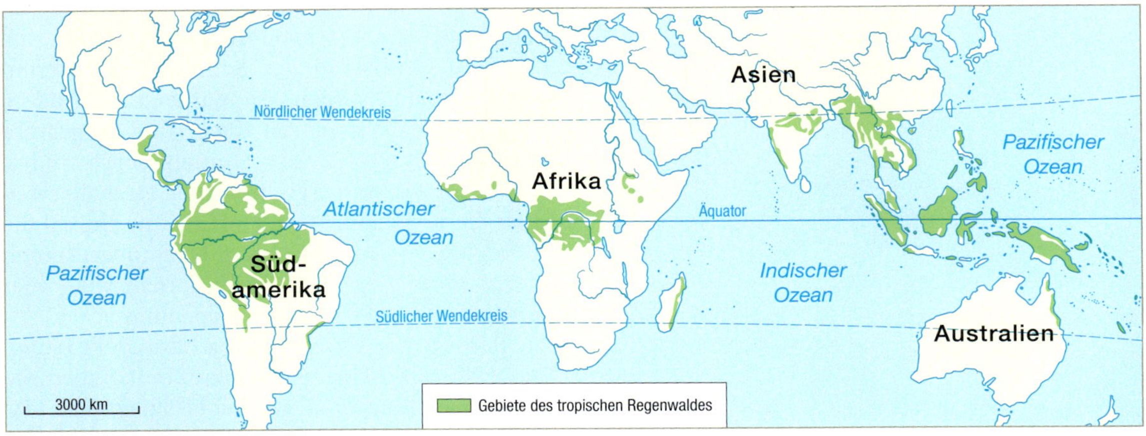

[1] Lage der tropischen Regenwälder.

1. Betrachtet Abbildung [1]. Sprecht über die Lage des tropischen Regenwaldes.
2. Nennt die Kontinente, auf denen er liegt.

Tropische Wälder

Die tropischen Regenwälder der Erde liegen am Äquator. Die Sonnenstrahlen fallen hier senkrecht ein. Die Jahresdurchschnittstemperatur beträgt am Äquator ca. 25 Grad Celsius. Die gleichmäßige Temperaturlinie im Klimadiagramm von Surabaja (Abb. [3]) zeigt, dass sich die einzelnen Monatstemperaturen kaum voneinander unterscheiden, denn Jahreszeiten mit großen Temperaturunterschieden gibt es im tropischen Regenwald nicht. Das Klima ist ein Tageszeitenklima (siehe auch Kapitel Klimazonen).

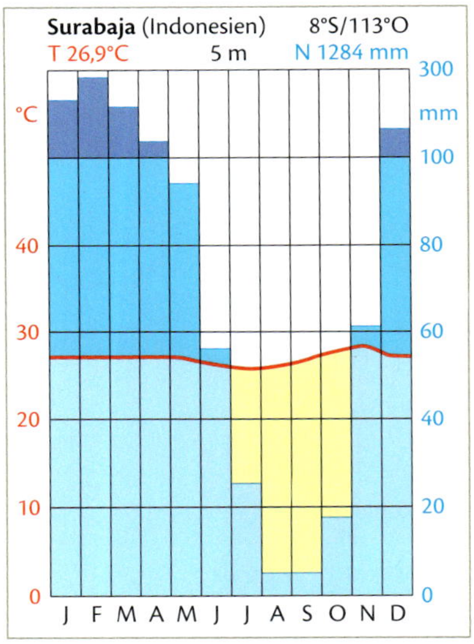

[3] Klimadiagramm von Surabaja.

[2] Der Dschungel in Peru.

Ein Tag im Regenwald

Um 6 Uhr wird es nach kurzer Dämmerung hell. Mit 22 Grad Celsius ist es noch angenehm kühl, doch die Luftfeuchtigkeit ist hoch und bereits ein Spaziergang schweißtreibend.
Schnell lässt die rasch aufsteigende Sonne die Temperaturen ansteigen. Um 10 Uhr sind es fast 27 Grad und die Luftfeuchtigkeit nimmt weiter zu. Überall steigt Wasserdampf auf. Am Himmel bilden sich erste Wolken. Die feucht-heiße Luft steht – kein Luftzug sorgt für Abkühlung.

Tropischer Regen
Infolge der hohen Wärmezufuhr durch die intensive Sonneneinstrahlung steigt die Lufttemperatur rasch und recht hoch an. Wegen der vielen Pflanzen im tropischen Regenwald verdunsten schnell enorme Feuchtigkeitsmengen. Die warme, feuchte Luft steigt auf und kühlt sich dabei ab. Dadurch bilden sich riesige Wolken. Diese regnen sich am frühen Nachmittag in Form von wolkenbruchartigen Niederschlägen ab. Dies nennt man Zenitalregen. Die Luft ist dann drückend heiß und feucht (schwül).
Nur ein Viertel des Niederschlags versickert im Boden oder wird direkt in die Flüsse eingespeist. Der Rest wird von den Baumwurzeln aufgenommen, in den Stämmen zu den Blättern befördert und über die Blätter „ausgeschwitzt". So unterhält der tropische Regenwald seinen eigenen Wasserkreislauf.

3. Beschreibt einen Tropentag mit eigenen Worten.

Die grüne Lunge der Erde
Wie in einem Gewächshaus finden Pflanzen das ganze Jahr über genügend Wasser und Wärme für ihr Wachstum. Der immergrüne Regenwald speichert mit seinen Pflanzen große Mengen des Treibhausgases Kohlendioxid und hat deshalb weltweit einen wichtigen Einfluss auf das Kima. Er ist die grüne Lunge der Erde.

[4] Verdunstung während des Vormittags.

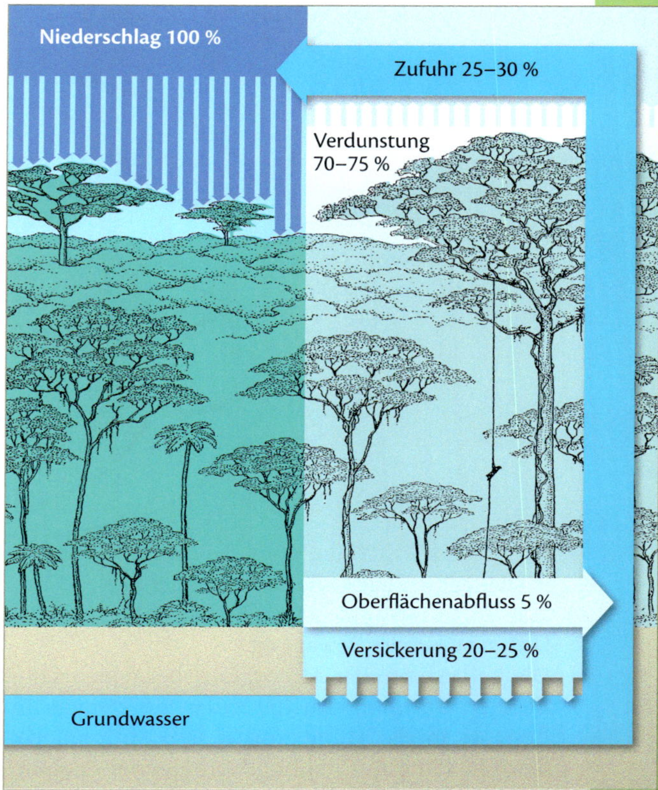

[5] Wasserkreislauf im Regenwald.

4. Erläutert Abbildung [5] schriftlich. Verwendet die in der Abbildung stehenden Begriffe.

Wählt einen der folgenden Arbeitsaufträge aus:

- Nennt die Merkmale des Tageszeitenklimas.
- Erklärt, wie der tropische Regen entsteht. Fertigt dazu einen Hefteintrag.
- Gestaltet ein Plakat fürs Klassenzimmer und übertragt dazu [5] auf ein Poster. Arbeitet mit Pfeilen, welche die Abbildung erklären.

Was ihr noch tun könnt...
- Schreibt alle Staaten auf, die einen Anteil an den tropischen Regenwäldern haben.

Regenzeit und Trockenzeit in Afrika

Wie bewegt sich die Luft um die Erdkugel herum?

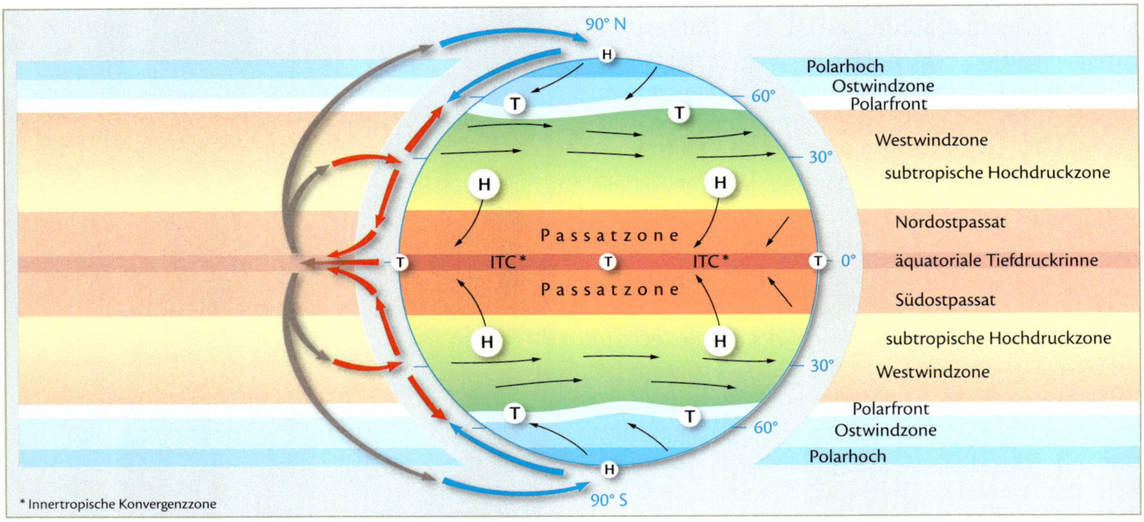

[1] Windgürtel und Luftdruckzonen der Erde.

Luft in ständiger Bewegung

Die Luftmassen der Atmosphäre bewegen sich in riesigen Strömen um die Erde. Sie steigen am Äquator in die Höhe hinauf und strömen von dort entweder in Richtung Norden oder nach Süden weiter.

Mehrere Luftdruckgürtel umschließen die Erde

Gürtel mit hohem und niedrigem Luftdruck wechseln sich ab: Der sogenannten äquatorialen Tiefdruckrinne (Innertropische Konvergenzzone ITC) am Äquator schließen sich nach Norden und Süden die subtropischen Hochdruckgürtel an. Danach folgen die subpolaren Tiefdruckgürtel und schließlich die Polarhochs.

Die Steuerung der Luftmassen

Motor und Steuerung der Luftmassen ist der Luftdruck. Dieser hängt vor allem von der unterschiedlichen Erwärmung der Erde in den verschiedenen Breitenlagen der Erde ab. Warme Luft steigt nach oben, kalte Luft dagegen bewegt sich nach unten. Das weltweite Rotieren der Luftmassen wird als atmosphärische Zirkulation bezeichnet. Durch Auf- und Abstieg ordnen sich die Luftmassen zu Luftdruckgürteln.

1. Erklärt den Begriff „atmosphärische Zirkulation" in eigenen Worten. Verwendet, wenn nötig, ein Fremdwörterbuch.

Auf Tiefdruck folgt Hochdruck

Am heißen Äquator ist die Sonnenstrahlung besonders stark. Die erwärmte Luft steigt also nach oben. Dadurch „fehlt" sie am Boden und es entsteht eine Zone mit niedrigerem Luftdruck. Dies ist die äquatoriale Tiefdruckrinne rund um den Erdball.

An den beiden Wendekreisen sinkt die Luft dagegen aus der Höhe auf die Erdoberfläche herab und lässt am Boden einen subtropischen Hochdruckgürtel entstehen. An den Polarkreisen verlaufen die beiden subpolaren Tiefdruckgürtel, über den Polen thronen die beiden Polarhochs.

Jahreszeiten in den Tropen

In den Tropen lassen sich die Jahreszeiten nicht auf die gleiche Weise voneinander abgrenzen wie bei uns in Europa. Meteorologisch gesehen wird in unseren Breiten das Jahr in vier verschiedene Jahreszeiten unterteilt: Frühling, Sommer, Herbst und Winter.

In Afrika und den anderen Ländern in den Tropen wird hingegen zwischen Trockenzeit und Regenzeit unterschieden und damit zwischen nur zwei Jahreszeiten.

2. Erklärt den Unterschied zwischen Hoch- und Tiefdruckgebieten.

Am Magadisee in Tansania, Afrika

[2] Regenzeit.

[3] Trockenzeit.

Regenzeit
Die Zeit großer Niederschläge, besonders in den Tropen, ist die Regenzeit. Zweimal im Jahr, wenn die Sonne den Höchststand erreicht hat, fällt ein Maximum der Niederschläge. In Monsungebieten findet die Regenzeit während des Sommermonsuns statt.

Trockenzeit
Trockenzeit wird jene Periode genannt, die regelmäßig nach der Regenzeit eintritt. Dies ist Bestandteil des jahreszeitlichen Klimaverlaufs. Diese Dürreperiode zwischen den Regenzeiten ist mit extremer Trockenheit und absolutem Wassermangel oft eine harte Zeit für alle Lebewesen dieser Region.

3. Vergleicht Abb. [2] und [3]. Findet Erklärungen für das unterschiedliche Aussehen des gleichen Gebiets.

Arides Klima bezeichnet das Klima in Regionen, in denen der Niederschlag geringer ist als die Verdunstung. Die extrem ariden Gebiete werden als Wüste bezeichnet.
Flüsse verdunsten in ihrem Verlauf vollständig oder enden in abflusslosen Seen. Zwar liegen die meisten Trockengebiete im subtropischen Wüstengürtel, doch gibt es aride Klimate ebenso in anderen Regionen, zum Beispiel in vielen Hochgebirgen oder den Polargebieten.

Humides Klima ist gleichbedeutend mit feuchtem Klima. Dabei handelt es sich um ein Klima, in dem die jährlichen Niederschläge größer sind als die Verdunstungsmöglichkeit. Dies hat eine hohe Luftfeuchtigkeit zur Folge.

Wählt einen der folgenden Arbeitsaufträge aus:

- Beschreibt die Begriffe „arides Klima“ und „humides Klima“ mit eigenen Worten und verfasst dazu einen Artikel für ein Jugendlexikon.
- Erklärt den Begriff „äquatoriale Tiefdruckzone“ mit eigenen Worten. Verfasst eine Definition im Heft.
- Überprüft oder erörtert, welche Faktoren für die Entstehung von Jahreszeiten wichtig sind.

Was ihr noch tun könnt ...

- Sammelt Informationen über den Aralsee, der ein Vertreter für einen See im ariden Klima ist. Haltet ein Referat darüber.
- Sucht weitere Fotos im Internet über Gegenden während der Regenzeit und der Trockenzeit. Vergleicht sie.

Wahlseite Zwei Gesichter des Monsuns

1. Informiert euch auf dieser Seite über den Monsun, der sowohl Fruchtbarkeit auf den Ackerflächen als auch Zerstörung bringt.
2. Präsentiert eure Ergebnisse in geeigneter Form in der Klasse.

Monsun bringt Regen

Der Monsun ist ein **Wind**, der je nach Jahreszeit in **unterschiedlichen Richtungen** bläst. Er kommt vor allem über dem Indischen Ozean vor. Im Sommerhalbjahr weht der Monsun vom Meer zum Land. Über dem **Meer** nimmt er viel verdunstetes Wasser auf. Trifft der feuchte Wind auf Land, fängt es heftig an zu regnen.

[1] Reisanbau in Indien.

Wichtig für Menschen, Tiere und Pflanzen

Der **Monsunregen** ist extrem wichtig für das Leben in diesen Breiten. Ein stark ausgeprägtes Monsunklima verwandelt Landschaften, die während der **Trockenzeit** einer Halbwüste ähneln, während der **Regenzeit** in fruchtbares grünes Land. Er sorgt für das **Wachstum** der Pflanzen und damit auch für die Nahrung von Menschen und Tieren. Auf der anderen Seite fordert der starke Regen aber auch regelmäßig viele Opfer: Durch **Überflutungen** werden Menschen obdachlos oder ertrinken. Würde der Monsun jedoch einmal nicht auftreten, hätte das für die Landwirtschaft enorme Folgen. Da die Felder bewässert werden müssten, würde es zu Dürren und bis zu 95 Prozent Ernteausfall kommen.

[2] Unterwegs während des Monsuns.

Pflanzen im Monsunklima

Pflanzen, die im Monsunklima wachsen, müssen nicht unbedingt an Frost **angepasst** sein. Sie müssen aber sowohl in langen **Dürreperioden** als auch in **starkem Regen** überleben. Das heißt, Sie dürfen während einer langen Dürreperiode nicht austrocknen. In Zeiten mit starkem Regen sollten sie schnell wachsen können, um den Regen auszunutzen, und sie sollten stark verwurzelt sein, um nicht weggeschwemmt zu werden.

[3] Wenn der Monsun auf sich warten lässt: ausgetrocknete Felder.

Tipps für die Erarbeitung:
Ihr könnt beim Lesen die Schritte des Textknackers anwenden. Was habt ihr über den Monsun erfahren?

Tipps für die Präsentation:
- Auf einer Weltkarte Indien zeigen
- Regen und Trockenheit bei uns und in Indien vergleichen, mit Klimadiagrammen arbeiten

WEBCODE: MZ652471-118

Wahlseite

Sandstürme in Deutschland

1. Informiert euch auf dieser Seite über Sandstürme in Deutschland.
2. Präsentiert eure Ergebnisse in geeigneter Form in der Klasse.

[1] Ein Sandsturm südlich von Rostock. *Foto, 2011.*

[2] **Massenkarambolage nach Sandsturm**
8.4.2011, Rostock: Bei einem schweren Unfall auf der A 19 südlich von Rostock werden acht Menschen getötet und über 100 verletzt. Ursache dafür war die schlechte Sicht, welche durch einen Sandsturm hervorgerufen wurde.
Ein Autofahrer, der am Unfallort war, berichtet: „Mindestens 40–50 Autos waren ineinander verkeilt. Als die Staubwolke kam, konnte man fast nichts mehr sehen, es war wie im dichten Nebel, alles kam ganz plötzlich. Ich konnte noch rechtzeitig bremsen und ausweichen."

(Autorentext nach einer Zeitungsmeldung)

Sandstürme in Deutschland

Von Sandstürmen hört man eigentlich nur aus Wüstenregionen. Städte in Afrika und den trockenen Landesteilen der USA werden von Sandstürmen heimgesucht. Aber immer häufiger wird auch bei uns von solchen Phänomenen berichtet. Die intensive landwirtschaftliche Nutzung wird für die Sandstürme als Hauptursache angesehen. Im März und Anfang April 2011 wurden viele Flächen in Mecklenburg wie anderswo auch für die Aussaat von Getreide und Mais gepflügt. Dadurch war die obere Bodenschicht ungeschützt. Als dann noch einige Tage kein Niederschlag fiel, trockneten die feinsandigen Böden aus. Starker Wind konnte den Boden aufwirbeln und davontragen. Dies wird als Winderosion bezeichnet.
Für die Landwirtschaft ist die Abtragung von fruchtbaren Böden immer negativ. Zum anderen können aber durch diese Sandstürme erhebliche Gefahren für die Menschen ausgehen. Viele Experten sind der Meinung, dass die riesigen Felder in Mecklenburg Sandstürme begünstigen.

Maßnahmen gegen Winderosion

Am wirksamsten gegen Winderosion ist es, die Äcker stets mit einer Pflanzendecke zu versehen. Nackter Boden ist sehr anfällig für Erosion. Des Weiteren sind Hecken in geeigneten Abständen sehr wirksam, weil sie die Kraft des Windes abschwächen. Gleichzeitig sind sie wertvoller Lebensraum für Tiere und Pflanzen.

Tipp für die Erarbeitung:
– Im Atlas eine Karte der Böden in Deutschland finden und dort nach Sandböden suchen

Tipp für die Präsentation:
– Ein Experiment zeigen: Nehmt ganz trockenen Boden ohne Bewuchs sowie bewachsenen Boden. Nun haltet einen starken Fön davor.

WEBCODE: MZ652471-119

Wahlseite

Blizzard – der Schneesturm

1. Informiert euch auf dieser Seite über den Schneesturm (Blizzard).
2. Präsentiert eure Ergebnisse in geeigneter Form in der Klasse.

Kein Sturm wie jeder andere
Der Blizzard ist ein starker Schneesturm, der hauptsächlich in Nordamerika auftritt. Der Begriff leitet sich möglicherweise aus dem deutschen Wort „blitzartig" ab.

[1] Räumungsarbeiten nach dem Blizzard.

Der **Schoolchildren's Blizzard** war ein Schneesturm (Blizzard), der am 12. Januar 1888 über Nordamerika zog. Unter den mehreren hundert Todesopfern waren viele Schulkinder, die von dem Blizzard in der Schule überrascht wurden. Sie starben, nachdem sie am Beginn des Blizzards von den Lehrern nach Hause geschickt wurden, oder erfroren, als in den einfach gebauten und schlecht wärmegedämmten Schulen das Heizmaterial ausging.
Folgende Erscheinungen definieren einen Blizzard:
- Hohe Windgeschwindigkeiten ab Windstärke 7
- Große Mengen an Schnee mit Sichtweite von weniger als 400 Meter
- Dauer von über 3 Stunden

Blizzards sind relativ selten. Sie treten am ehesten in Kanada und in Nordamerika auf und sorgen für chaotische Wetterverhältnisse. Menschen und Tiere, die sich während eines Blizzards im Freien aufhalten, befinden sich in großer Gefahr. Die Sicht ist durch den dichten Schneefall stark eingeschränkt und es wird äußerst schwierig, sich zu orientieren. Viele Opfer erfrieren, weil sie den Weg zu ihrem teilweise sehr nahen Haus nicht mehr finden können.

[2] Mann im Blizzard, Gemälde J. C. Dollman: *Gemälde 1913.*

Ein Blizzard entsteht infolge eines kräftigen Kaltlufteinbruchs aus Richtung der Polarregionen. Dabei dringt die polare Kaltluft in Tiefdruckgebiete bis weit nach Süden vor, da auf dem nordamerikanischen Kontinent keine in Ost-West-Richtung verlaufenden Gebirge existieren, die diese Kaltluft stoppen könnten.

Berühmte Blizzards in der Geschichte Nordamerikas
- Schoolchildren's Blizzard (Januar 1888)
- Blizzard von Januar/Februar 1977
- Groundhog Day Blizzard (Jan/Feb 2011)
- Blizzard Nemo (Februar 2013)

Tipps für die Erarbeitung:
- Den Verlauf eines Blizzards darstellen und Bilder zeigen
- Über die Folgen eines Blizzards berichten

Tipps für die Präsentation:
- Informationen über Entstehung und Folgen von Blizzards sammeln. Weltkarte einbeziehen
- Über einen der berühmtesten Blizzards in der Geschichte informieren

WEBCODE: MZ652471-120

Wahlseite

El Niño – das Kind

1. Informiert euch auf dieser Seite über El Niño.
2. Präsentiert eure Ergebnisse in geeigneter Form in der Klasse.

El Niño – das Kind?
El Niño ist der spanische Name für eine Klimabesonderheit und heißt wörtlich übersetzt: das Kind. Sie tritt unregelmäßig auf, etwa alle drei bis acht Jahre. Peruanische Fischer gaben dieser Besonderheit den Namen „El Niño – das Kind“, da sie dessen Auswirkungen immer um die Weihnachtszeit herum zu spüren bekamen.

Die Entstehung von El Niño
Normalerweise ist das Meereswasser vor der Küste Südamerikas ziemlich kalt. Das kommt durch eine kalte Meeresströmung, den Humboldt-Strom. Er fließt von der Antarktis an der Westküste Südamerikas entlang. Außerdem steigt kaltes Wasser vom Meeresgrund auf. Das Wasser kann nur deshalb an die Oberfläche kommen, weil das Oberflächenwasser durch starke Winde, die vom Land kommen (Süd-Ost-Passate), von der Küste weggetrieben wird.

Manchmal hören die Winde plötzlich auf, so heftig zu blasen, und nicht einmal Wissenschaftler wissen genau warum. Das Oberflächenwasser wird nicht mehr von der Küste weggedrückt. Dadurch steigt auch kein kaltes Wasser mehr auf, weil das dort oder darüber liegende Wasser noch da ist. Stattdessen kommt aus Asien sehr warmes Wasser bis zur Küste Südamerikas.

El Niños Folgen für Südamerikas Küste
Durch die erhöhten Wassertemperaturen vor der Küste ziehen die großen Fischschwärme, die es dort normalerweise gibt, in andere Gewässer. Die Folge für die Fischer: Ihre Netze bleiben leer. Außerdem kommt mit dem warmen Wasser auch noch ein großes Regengebiet nach Südamerika. Dabei kann es zu schweren Überschwemmungen kommen. 1997/98 starben durch El Niño 24 000 Menschen und ein Schaden von 34 Milliarden Dollar entstand.

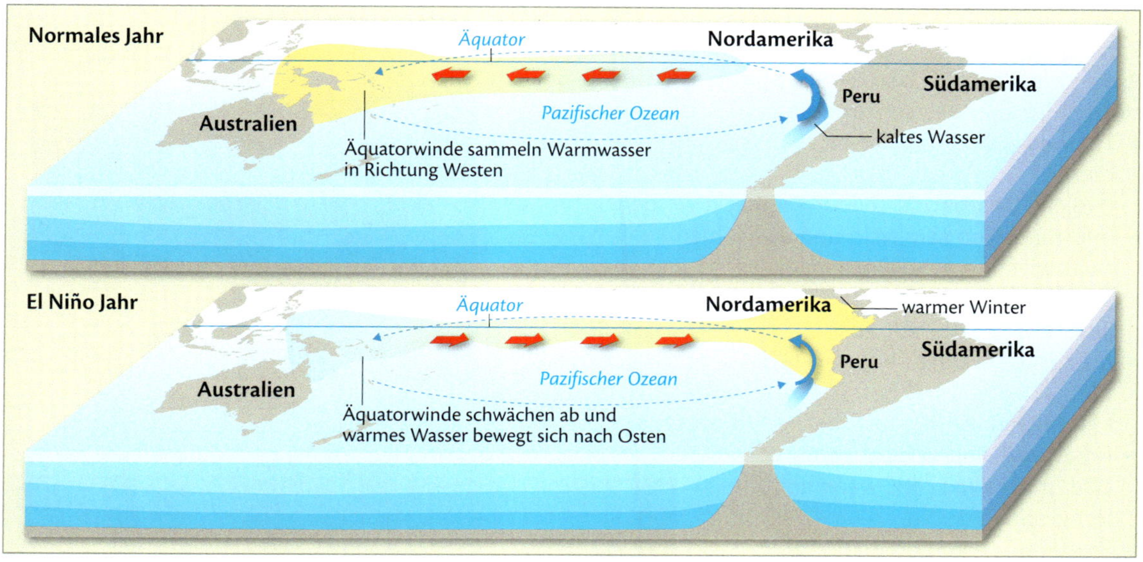

[1] Das El Niño-Phänomen: Vergleich von normalen und El Niño-Jahren.

Tipps für die Erarbeitung:
- Im Atlas nachschlagen, in welchem Gebiet El Niño vorkommt
- Ein Schaubild anfertigen, um die Entstehung erklären und darstellen zu können

Tipps für die Präsentation:
- Mit einer Weltkarte arbeiten und die betroffenen Gebiete zeigen
- Über die Folgen El Niños für Menschen und Umwelt sprechen, Jahreszahlen nennen

Erdkunde aktiv

Auf dieser Seite findet ihr Anregungen, was ihr zum Thema Klimaphänomene noch tun, ausprobieren und erproben könnt.
Denkt auch daran, euer Portfolio zu führen:

– gelungene Ergebnisse in Text und Bild sammeln,
– Lernerfahrungen zum Thema Klimaphänomene aufschreiben.

1. Regenwald: Einen Tropentag organisieren

- Sammelt Ideen zu einem Tropentag.
- Prüft die Durchführbarkeit eurer Ideen und wählt dann aus.
- Bildet Gruppen für die einzelnen Themen.
- Legt fest, welches Produkt am Ende als Ergebnis präsentiert werden soll.
- Verteilt die Aufgaben und legt die Arbeitszeit fest.
- Vereinbart Zwischenbesprechungen.
- Präsentiert die Ergebnisse.
- Bewertet aus eurer Sicht den Ablauf des Projekts und euren Lernertrag.

2. Stürme: Einen Wandschmuck zum Thema „Stürme weltweit“ anlegen

Ein Wandschmuck kann ein dekoratives Bild an einer Wand sein. Legt für das Thema „Stürme weltweit“ ein solches für euer Klassenzimmer an.

- Themen auswählen, die im Wandschmuck vorkommen
  (Welche Sturmarten sollen vorgestellt werden?)
- Informationen sammeln und auswählen
  (Was wisst ihr schon? Was ist wichtig? Was kann als Bild, Text oder Schaubild dargestellt werden? Welche Darstellung sieht gut aus?)
- An die Gestaltung denken
  (Wie soll mit der Schrift gestaltet werden? Welche Materialien werden benötigt? Wer besorgt sie?)
- Arbeit verteilen und durchführen
  (Wer macht was? Bis wann soll alles fertig sein?)
- Präsentation vorbereiten und durchführen (Vor wem soll präsentiert werden?)

 WEBCODE: MZ652471-122

Das kann ich!

[1] **Wichtige Begriffe:**

Zyklon Äquator Mitteleuropa Luftdruck
Barometer Druckausgleich Hochdruck Kaltfront
Meteorologe Tageszeitenklima Zenitalregen

[2] Satellitenbild eines Erdteils auf der Nordhalbkugel.

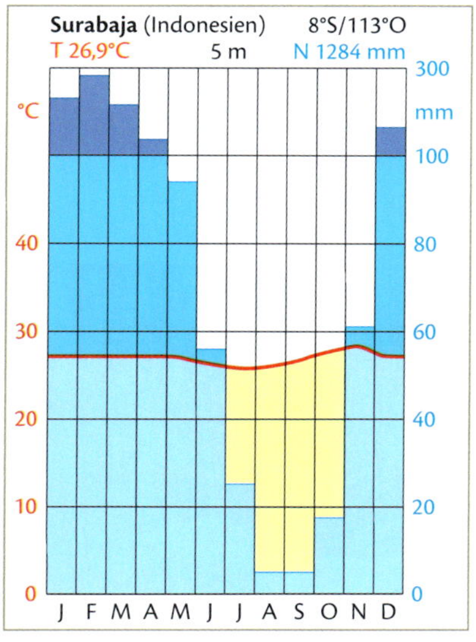

[3] Klimadiagramm.

Orientierungskompetenz

1. Beschreibt typische Wetterlagen in Mitteleuropa auf einer Wetterkarte.
2. Erläutert die Begriffe in Abbildung [1].

Analysekompetenz

3. Erklärt die Entstehung von zwei der genannten Begriffe: Hurrikan, Blizzard, Monsun und El Nino.
4. Erläutert die Auswirkungen der extremen Klimaphänomene auf die Lebensbedingungen der Menschen.
5. Charakterisiert den Monsun mit Ursachen und Folgen.
6. Erklärt, wie der Luftdruck funktioniert.

Urteilskompetenz

7. Beurteilt die Auswirkungen des Monsuns. Denkt an Nutzen und Schaden.

Handlungskompetenz

8. Sammelt aus Zeitschriften und Zeitungen und dem Internet Informationen zu einem Wetterextrem eurer Wahl. Erstellt daraus eine Wandzeitung oder eine Infowand für die Schule.

Methodenkompetenz

9. Nennt den Erdteil Abbildung [2] und findet den Ausschnitt in einem Atlas. Beschreibt das Satellitenbild.
10. Wertet das Klimadiagramm Abbildung [3] aus.

Gewusst wie – Methoden im Überblick

Die Wahlseiten

In jedem Kapitel findet ihr **Wahlseiten**. Sie sollen von euch selbstständig bearbeitet werden: allein, mit einem Partner oder in Gruppenarbeit.
Ihr findet auf diesen Seiten unten in dem gelben Balken Tipps für die Erarbeitung und für die Präsentation.

1. Schritt: Thema auswählen

- Blättert die Seiten kurz durch und überlegt, welche Einzelseite euch am meisten interessiert. Wählt diese aus.

2. Schritt: Allein oder mit anderen arbeiten?

- Entscheidet, ob ihr in Gruppen- oder Partnerarbeit zusammenarbeiten wollt oder euch lieber allein mit der Seite beschäftigt.

3. Schritt: Wichtigste Punkte herausarbeiten

- Betrachtet die Bilder und lest die Texte. Lasst euch von den Arbeitsvorschlägen anregen.
- Klärt offene Fragen, notiert die wichtigsten Inhaltspunkte.
- Notiert einen „Merksatz“ für die Klasse.
- Entscheidet, wie ihr der Klasse die Bilder zeigen wollt (Hinweis auf die Seite, auf der das Bild steht; eigene Zeichnungen; Folien für den Overhead-Projektor usw.).

4. Schritt: Ergebnisse vorstellen

- Entscheidet euch, wie ihr der Klasse eure Ergebnisse präsentieren wollt:
  - □ als kleinen Vortrag (Dauer 3–5 Minuten)
  - □ als erfundene Zeitungsreportage
  - □ als kurzes Theater- oder Rollenspiel
  - □ als Wandzeitung usw.

Ein Wirkungsgefüge erstellen

Ein Wirkungsgefüge macht die Beziehungen von Einzelaspekten eines Themas übersichtlich deutlich. Zusammenhänge werden mithilfe von Pfeilen sichtbar gemacht.

1. Schritt: Thema festlegen

- Legt das Thema des Wirkungsgefüges fest (z. B. Ursachen und Folgen der Desertifikation in der Sahelzone).

2. Schritt: Material auswerten und Schlüsselbegriffe festlegen

- Wertet Material zum Thema aus (Lexika, Internet, Sachbücher).
- Notiert euch Schlüsselbegriffe, welche Bausteine des Gefüges werden können.

3. Schritt: Schlüsselbegriffe inhaltlich sortieren

- Ordnet die Schlüsselwörter nach Unterthemen wie Gründe, Maßnahmen, Folgen oder Nebenwirkungen.

4. Schritt: Beziehungen darstellen und Wirkungsgefüge zeichnen

- Sortiert die Schlüsselbegriffe übersichtlich auf einem Plakat oder an der Tafel nach Ursachen und Wirkungen bzw. Folgen.
- Stellt die Wirkungszusammenhänge durch Pfeile dar (unterschiedliche Strichstärken und Farben können dabei die Wichtigkeit oder Bedeutung signalisieren).

5. Schritt: Wirkungsgefüge präsentieren

- Präsentiert das Wirkungsgefüge und macht die Zusammenhänge des Themas deutlich.
  Tipp: Zeigt nicht gleich das gesamte Wirkungsgefüge, sondern erläutert die verschiedenen Bausteine nacheinander. So werden die Zusammenhänge leichter verständlich. Achtet auch auf eine große Schrift.

Experimente durchführen

Es gibt viele Möglichkeiten, ein Ergebnis anschaulich zu präsentieren oder einen Sachverhalt darzustellen. Dazu bietet euch diese Doppelseite Vorschläge.
Um die komplizierten Prozesse erklären zu können, die das Gesicht der Erde verändern, können Experimente oder Modelle für eine bessere Anschauung nützlich sein. Mit wenigen Materialien, die ihr im Baumarkt bekommen könnt, lässt sich das hier beschriebene Vulkanmodell einfach herstellen.
Durchführen von Experimenten:

1. Schritt: Material vorbereiten

- Den geographischen Sachverhalt bestimmen
- Eine Vermutung über den Ausgang des Experiments formulieren
- Materialliste erstellen und Material zusammentragen
- Den Versuchsaufbau erstellen

2. Schritt: Experiment durchführen

- Das Experiment der Reihe nach durchführen
- Währenddessen alle Vorgänge beobachten und schriftlich festhalten

3. Schritt: Experimtent auswerten

- Eine Dokumentation des Experiments anlegen und Skizzen oder Fotos beschriften
- Das Ergebnis des Experiments beschreiben und mit der Ausgangsvermutung vergleichen
- Eine Erklärung formulieren

4. Schritt: Ergebnisse präsentieren

- Den Versuchsablauf und das Ergebnis vor der Klasse präsentieren

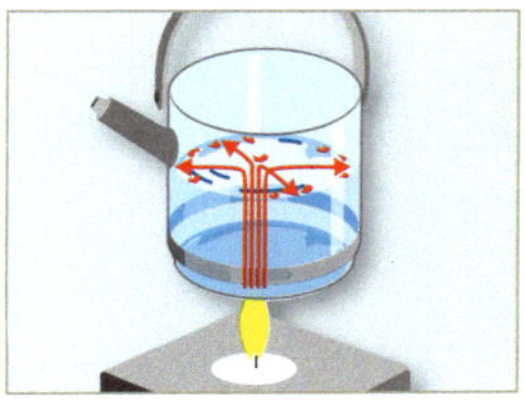

Eine Präsentation erstellen

Immer wieder werdet ihr im Unterricht aufgefordert werden, Arbeitsergebnisse vorzutragen oder Themen vorzustellen – meist in Form eines Referats oder Kurzvortrags. Besonders im Erdkundeunterricht wird ein Referat sehr viel anschaulicher, wenn ihr zur Verdeutlichung Fotos, Karten, Diagramme, Grafiken oder auch Modelle einsetzt. Ein solcher medienunterstützter Vortrag wird Präsentation genannt. Der Einsatz von Medien macht die Präsentation unterhaltsam, abwechslungsreich und besser verständlich. Die folgenden Schritte helfen euch beim Erstellen einer Präsentation:

1. Schritt: Informationen beschaffen

- Besorgt euch zu eurem Thema Informationen, zum Beispiel aus Zeitschriften und Büchern oder aus dem Internet.
- Überlegt euch, welche Informationen zum Thema für die Zuhörer wirklich wichtig sind.
- Achtet darauf, dass die Texte, die ihr auswählt, auch verständlich sind.
- Alle Materialien müssen mit einer Quellenangabe (mit Datum) dokumentiert werden.

2. Schritt: Inhalte gliedern

- Erstellt eine Gliederung für eure Präsentation. Achtet darauf, dass das Thema sinnvoll eingegrenzt und schlüssig aufgebaut ist.
- Sucht einen Einstieg, der neugierig auf das Thema macht und Interesse weckt.

3. Schritt: Präsentationsmedium festlegen und Präsentation zusammenstellen

- Legt fest, welches Präsentationsmedium ihr einsetzen wollt. Das hängt auch davon ab, welche Mittel zur Verfügung stehen.
- Stellt dann die Präsentation zusammen. Ordnet die Materialien in der richtigen Reihenfolge eurem Vortragstext zu.
- Achtet darauf, dass Abbildungen gut erkennbar und Texte oder Diagramme gut lesbar sind.

4. Schritt: Die Präsentation üben

- Übt eure Präsentation, denn sie sollte möglichst frei vorgetragen und nicht abgelesen werden. Behaltet die Zeit im Blick.
- Achtet darauf, dass eure Medien euren Vortrag nur unterstützen sollen. Setzt sie sparsam und an den Stellen ein, an denen es sinnvoll ist.
- Sorgt vor der Präsentation dafür, dass alle Materialien und Medien vorhanden und in der richtigen Ordnung sowie einsatzbereit sind.

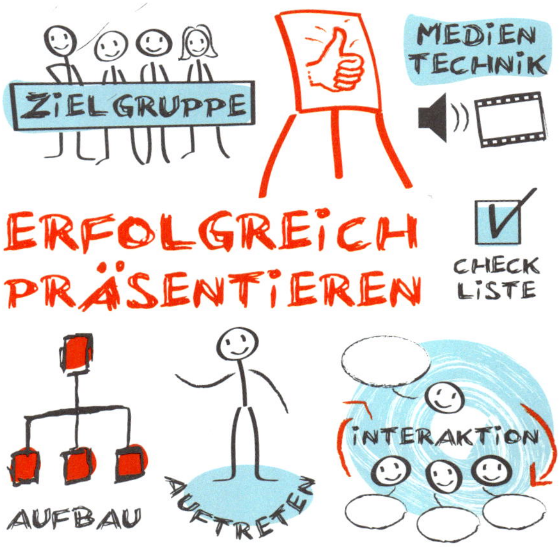

Ein Projekt durchführen

Schritte zum erfolgreichen Projekt
Projektarbeit bedeutet, ein selbst gewähltes Thema oder einen Projektauftrag nach genauer Planung selbstverantwortlich aufzubereiten und zu dokumentieren.
Folgende Schritte können euch dabei helfen:

1. Schritt: Gründlich planen

- Einigung auf Thema, Zielsetzung, mögliche Schwerpunkte, Gruppenbildung, Zeitrahmen, Präsentationsmöglichkeiten
- Aufgabenverteilung konkret festlegen
- Umsetzungsmöglichkeiten erkunden: Internetseiten, Interviewpartner, Anlaufstellen
- Gliederung, Ablaufplan und Regeln erstellen

2. Schritt: Projekt durchführen

- Inhalts- und Materialbeschaffung z. B. in:
  - ☐ Bibliotheken, Internet, Medien usw.
  - ☐ Experten einladen bzw. interviewen
  - ☐ Modelle erstellen
- Regelmäßige Gruppenbesprechungen und Klärung von inhaltlichen und Zuständigkeitsfragen
- Präsentation vorbereiten z. B.
  - ☐ Plakate, OHP usw. besorgen
  - ☐ Powerpoint Folien zusammenstellen
  - ☐ Karteikarten erstellen

3. Schritt: Material präsentieren

- Material wie geplant präsentieren
  - ☐ zum Publikum sprechen
  - ☐ auf Körperhaltung achten
  - ☐ am Ende Fragen stellen und/oder Feedback geben lassen

4. Schritt: Projektablauf besprechen

- In der Gruppe Projektablauf besprechen
- Folgende Leitfragen sind hilfreich:
  - ☐ War das Projekt erfolgreich?
  - ☐ Haben wir unsere Ziele erreicht?
  - ☐ Wie fühlten sich die Gruppenmitglieder?
  - ☐ War die Aufgabenverteilung gerecht?

Satellitenbilder auswerten

Was ist ein Satellitenbild?
Eine Strahlungs- oder Lichtquelle ist die Grundvoraussetzung für die Fernerkundung mit Satelliten. In den meisten Fällen wird dafür das Sonnenlicht genutzt, es kann aber auch eine „Beleuchtung" der Erde durch Radar- oder Laserstrahlen herangezogen werden. Gelangen diese Strahlen auf eine Oberfläche, so wird ein Teil der Strahlung wieder zurückgesandt und vom Sensor am Satellit aufgenommen. Während das menschliche Auge nur bestimmte Farben wahrnehmen kann, besitzen die Satelliten die Fähigkeit, eine weitaus größere Anzahl an unterschiedlichen Wellenlängen zu verarbeiten. Dies bedeutet aber auch, dass ein Satellit kein herkömmliches Foto der Erdoberfläche liefert, sondern eine veränderte Darstellung, die erst gedeutet werden muss.

1. Schritt: Satellitenbild einordnen

- Auf welchem Kontinent und in welchem Land könnte das Gebiet liegen, welche Besonderheiten sind auffallend?
- Sucht geeignete Karten im Atlas, die das Gebiet zeigt, welches auf dem Satellitenbild dargestellt ist. (Zu welcher Tageszeit und in welcher Jahreszeit ist die Aufnahme erstellt worden?)

2. Schritt: Objekte beschreiben

- Tragt eure Kenntnisse darüber zusammen.
- Bestimmte Farben kennzeichnen bestimmte Gebiete und Objekte – benennt diese.
- Beschreibt die Objekte (Gewässer, Orte, Formen).

3. Schritt: Inhalte auswerten

- Deutet den Inhalt und eure Beobachtungen und wertet sie aus.
- Leitet daraus räumliche Informationen zum Klima, der Vegetation, der Besiedlungsdichte usw. ab.

Lexikon

A

Abtauchzone: Bereich der Erde, wo Erdplatten sich (infolge der Schwerkraft) unter andere Erdplatten bewegen und diese dann anheben; solche Vorgänge verlaufen in extrem langsamer (geologischer) Zeit

Abtragung: Veränderung der Erdoberfläche durch Abtransport von Lockermaterial durch fließendes Wasser, Wind, Eis und Meeresbrandung. Die Schwerkraft ist immer an der Abtragung beteiligt.

Arides Klima: Klima in Regionen, in denen der Niederschlag geringer ist als die Verdunstung; extrem aride Gebiete werden als Wüsten bezeichnet

Artesischer Brunnen: Natürlicher Brunnen, der mit Überdruck funktioniert; Voraussetzungen: Tallage, wasserführende Schichten zwischen wasserundurchlässigen Schichten

Asthenosphäre: Oberer, „weicher" Teil des Erdmantels (▶ Schalenbau der Erde), unterhalb der Erdkruste

Äquator: (lat. = Gleichmacher) Breitenkreis um die Erdkugel, der an allen Punkten den gleichen Abstand zu den Polen hat; teilt die Erde in Nord- und Südhalbkugel, hat eine Länge von rund 40 000 Kilometern und liegt bei der geographischen Breite 0°

Außenhandel (Import, Export): Warenverkehr eines Landes mit dem Ausland; Import bezeichnet den Warenverkehr ins eigene Land und der Export den Warenverkehr aus dem Land in ein anderes

B

Barometer: Luftdruckmesser

Beaufortskala: Beobachtungsskala von 1 bis 12 für Windstufen mit entsprechenden Wirkungen (windstill = 0, Orkan = 12)

Bewässerungsfeldbau: Form der Landwirtschaft, bei der wegen nicht ausreichender Niederschlagsmengen Wasser aus Brunnen, Flüssen, Kanälen oder Regenwasserspeichern zugeführt wird

Blizzard: Schneesturm (in Nordamerika)

Brandrodung: Vernichtung von (unerwünschten) Pflanzen durch Feuer, um die so frei werdende Fläche landwirtschaftlich nutzen zu können; es handelt sich um eine alte Methode (Tradition), die in den Tropen durchgeführt wird; die Asche der verbrannten Pflanzen liefert aber nur kurz und vergleichsweise wenig Nährstoffe (Mineralien) für eine ackerbauliche Nutzung.

C

Caldera: Einsturzkrater, entsteht bei Aussprengung oder Einsturz von Vulkanen

Container: Quaderförmiger, genormter Großbehälter für rationellen und leichten Transport

D

Desertifikation: Größtenteils vom Menschen verursachte Ausbreitung der Wüste

Disparität: (von lat.: *disparatum* = abgesondert, getrennt) Nebeneinander von Ungleichem; hierunter wird in der Geographie auch verstanden, dass es in einem Großraum unterschiedliche Lebensbedingungen gibt (z. B. „auf dem Land" oder „in einer Großstadt"); in Wirtschaftswissenschaften versteht man darunter auch eine gesellschaftliche (soziale) Ungleichheit (z. B. zwischen Industriestaaten und Entwicklungsländern)

Druchbruchstal: Verläuft quer durch ein Gebirge und verbindet die Tiefländer auf den beiden umgebenden Seiten, durchbricht scheinbar zusammengehörige Gebirge

Dürre: Langandauernde, meist mehrjährige Trockenperiode

E

El Nino: Klimaunregelmäßigkeit im tropischen Pazifik, durch starke anomale Wassererwärmung mit Auswirkungen auf das weltweite Klima

Endogene Kräfte: Aus dem Erdinneren heraus wirkenden Kräfte werden endogene Kräfte genannt; am anschaulichsten in Form von Plattenverschiebungen und vulkanischer Tätigkeit

Energierohstoff: Brennbarer „Stoff" (Substanz), der (die) noch nicht weiter verarbeitet wurde; z. B. Erdöl, das noch nicht zu Heizöl oder Benzin verarbeitet worden ist

Epizentrum: Gebiet senkrecht über dem Erdbebenzentrum direkt an der Erdoberfläche mit stärkster Erschütterung

Erdachse: Gedachte Linie vom Nord- bis zum Südpol durch den Erdmittelpunkt, um die sich die Erde dreht (daher auch Rotationsachse)

Erdkern: Im Zentrum der Erde gelegen (▶ Schalenbau der Erde), vermutlich fester Bestandteil

Erg: Sandwüste

Erosion: Durch ▶ exogene Kräfte verursachte Abtragung der Erdoberfläche; linienhafte Erosion durch Wasser (fluviale Erosion) oder Eis (glaziale Erosion)

und Schwerkraft, steht der flächenhaften ▶ Abtragung (Denudation) gegenüber

Eruption: Vulkanischer Ausbruch von Lava, Gas, Dampf oder Asche

Evakuierung: Räumung eines Gebiets von Menschen

Exogene Kräfte: Äußere Kräfte, die zur Formung der Erdoberfläche beitragen (▶ Erosion)

F

Fairtrade: Unter Fairem Handel wird der direkte Handel zwischen den Produzenten und den Herstellern verstanden

Fossilien: Versteinerte Überreste von Pflanzen- und Tierarten

G

Gebirge: Erhebungen der Erdoberfläche mit unterschiedlichem Relief (Mittelgebirge, Hochgebirge)

Geothermie: Oberflächennahe Energiegewinnung der Erdwärme

Globalisierung: Neue Technologien im Kommunikations-, Informations- und Transportwesen sowie neue Organisationsformen der Produktion führten zur Entstehung weltweiter Märkte für Waren, Kapital und Dienstleistungen. Es kommt zur internationalen Zusammenarbeit und Verflechtung großer Wirtschaftskonzerne und Finanzmärkte. Der Begriff umfasst wirtschaftliche, technische oder politische Entwicklungen, die weltweit Auswirkungen auf das Leben der Menschen haben.

Grabenbruch: Talförmiger Einbruch bei Verwerfungen in der Erdkruste, in dem eine längliche Gesteinsscholle eingebrochen ist

Grabenbildung: Infolge geologischer (im Erdinneren wirkender) Kräfte entstehen Senken; durch Erdplatten, die sich auseinander bewegen

H

Hamada: Fels- und Gesteinswüste

Holzwirtschaft: Wirtschaftlicher Anbau von Wald (Forstwirtschaft) mit dem Ziel der Holzerträge.

Hochgebirge: Bergkette mit mehr als 1 500 Metern Höhe (bis zu dieser Höhengrenze spricht man von einem „Mittelgebirge“)

Horizontalverschiebung: Begriff der Plattentektonik, zwei Erdkrustenstücke werden entlang einer tiefen Zerreiskluft horizontal verschoben

Humides Klima: Gleichbedeutend mit feuchtem Klima. Dabei handelt es sich um ein Klima, in dem die jährlichen Niederschläge größer sind als die Verdunstungsmöglichkeit, hohe Luftfeuchtigkeit als Folge

Humus: Fruchtbarer, dunkelbrauner Bodenbestandteil, der durch Absterben von Pflanzen und Tieren in einem ständigen Prozess entsteht

Hurrikan: Tropischer Wirbelsturm

I

Inuit: Bezeichnung der einheimischen Volksgruppen in den bewohnbaren arktischen Gebieten

ITC (Innertropischen Konvergenzzone): Äquatoriale Tiefdruckrinne zwischen den Passatgürteln

K

Klima: Aus dem (durchschnittlichen) Wetter einer längeren Zeit (etwa 30 Jahre) ergibt sich ein für einen Ort üblicher Zustand der Wetterelemente

Klimazone: Zone mit gleichartigem Klima, die sich in einem breiten Gürtel um die Erde erstreckt; es werden polare, subpolare, gemäßigte, subtropische und tropische Klimazonen unterschieden

Kontinent: (von lat.: *continens* = zusammenhängend) Festlandmassen im Gegensatz zu Meeren und Inseln; sieben Kontinente (Erdteile) sind: Afrika, Antarktis, Asien, Australien, Europa, Nord- und Südamerika

Kontinentalklima: Meeresferne führt zu trockenen und kühlen Luftmassen mit großen Temperaturschwankungen; geringe Niederschläge mit warmen Sommern und kalten Wintern

Konvektionsströme: Wärmeströme; aufsteigende Bewegung bei Flüssigkeiten und Gasgemischen; im Erdinnern für Plattentektonik verantwortlich

L

Lithosphäre: Erdkruste (▶ Schalenbau der Erde), aus festem Gestein bestehend

M

Mammut: Ausgestorbene Elefantenart der Eiszeit mit langhaarigem Fell und langen gebogenen Stoßzähnen

Metamorphose: Gestaltwandlung von Gesteinen durch Temperatur- und Druckänderungen im Innern der Erdkruste

Meteorologe: Wissenschaftler, zu dessen Arbeitsbereich die Erforschung des Wetters und des Klimas gehört

Mittelozeanischer Rücken: Im mittleren (küstenfernen) Bereich eines Ozeans (= Meer) gelegene Erhebung am Meeresboden, die infolge vulkanischer Aktivitäten entstand (und z. T. noch weiter entsteht); dieser neu entstandene oder entstehende Meeresboden drückt die hier angrenzenden Erdplatten auseinander

Monsun: Beständig wehender, kontinentweiter Wind mit halbjährigem Richtungswechsel

N

Nachhaltigkeit: Leitbild für zukunftsfähige, langfristige und für alle Menschen tragfähige Entwicklung mit gleichrangigen Zielen (Wirtschaftswachstum, intakte Umwelt, sozialer Zusammenhalt)

Naturkatastrophen: Außergewöhnliche Naturereignisse, die in der Natur sowie vor allem an Bauwerken und Verkehrseinrichtungen große Schäden anrichten; führen oft zu zahlreichen Todesopfern und Verletzten

Nomaden: Menschen, die nicht sesshaft sind; gehen häufig Beschäftigungen wie Jagen und Sammeln oder Hüten von Tieren nach; leben meist in Gebieten, in denen Ackerbau aus klimatischen Gründen nicht möglich ist, z. B. Trockenheit

O

Ökosystem: Wechselbeziehung zwischen Lebewesen und Lebensraum

Ozeanbodenspreizung: ▶ Sea-Floor-Spreeding, Prozess der ▶ Plattentektonik, bei dem sich der Meeresboden ausdehnt und wächst, an den ozeanischen Platten durch das aufsteigende Magma an ▶ Konvektionsströmen; z. B. ▶ Mittelozeanischer Rücken

Oase: Ort in der Wüste, der aufgrund seines Wasservorkommens (Quelle) bewachsen ist und landwirtschaftlich genutzt werden kann

Orkan: Starker Sturm mit einer Stärke von 12 auf der ▶ Beaufortskala

P

Passat: Winde, die vom subtropischen Hochdruckgürtel bis zur äquatorialen Tiefdruckrinne wehen und in der Kernzone trocken und niederschlagsfrei sind

Phänomen: Ungewöhnliche, auffallende Erscheinung

Plattentektonik: Theorie über den ▶ Schalenbau der Erde

Polartag: Gebiete zwischen Polen und Polarkreisen, bei denen die Sonne innerhalb eines Tages nicht untergeht

Polarnacht: Gebiete zwischen ▶ Polen und ▶ Polarkreisen, bei denen die Sonne innerhalb eines Tages nicht aufgeht

Pyroklastischer Strom: über 100 km/h schnelle und zwischen 200 und 700 Grad heiße, vom Vulkan abgehende Lawine aus heißer Asche, Gasen und Gesteinsstücken

Pole: Endpunkte der (gedachten) Erdachse; geographische Pole sind der Nordpol und der Südpol

Polarkreis: Breitenkreis in 66,5° nördlicher bzw. südlicher Breite; an den Polarkreisen ist zu den Zeiten der Sonnenwende 24 Stunden lang Tag oder Nacht.

Produktionskette: Bezeichnet die Aneinanderreihung von Produktionsschritten vom Anfangsstadium, also den einzelnen Bestandteilen eines Produktes, bis zum fertigen Endprodukt.

R

Recycling: Kreislaufsystem, indem Abfälle gesammelt, aufbereitet und wiederverwertet werden

Ressource: Rohstoffquelle

Richterskala: Skala zur Messung der Erdbebenstärke

Rohstoff: Ausgangsmaterial, z. B. Kohle, Erdöl, Holz, Salz, Steine und Erden, zur Herstellung neuer Produkte; Rohstoffe kommen nur in begrenzten Mengen vor, können sich in den meisten Fällen nicht selbst erneuern (regenerieren) und werden immer knapper; durch ▶ Recycling (Wiederaufarbeitung) kann man Rohstoffe sparen

S

Samen: Bewohner ▶ Sapmis im Norden Europas

Sapmi: Siedlungsgebiet, in dem die ▶ Samen leben

Savanne: Savanne: Hauptvegetationszone der wechselfeuchten Tropen; Grasland der tropischen ▶ Klimazone, welches stark durch den Wechsel von Regen- und Trockenzeiten beeinflusst wird. Die Dauer der Regenzeit bestimmt die Zusammensetzung der Vegetation (Pflanzen). Man unterscheidet Dorn-, Trocken- und Feuchtsavannen.

Schalenbau der Erde: Innerer Aufbau der Erde, Schalen habe unterschiedliche Dichte und Beschaffenheit (Erdkruste, Erdmantel)

Sea-Floor-Spreading: ▶ Ozeanbodenspreizung

Sedimentation: Ablagerung von Gesteinen; Prozess, der zur Bildung von Ablagerungsgesteinen (Sedimenten) führt

Seeklima: Klimatyp der gemäßigten Klimazone; Meerwasser des Ozeans verursacht hohe Luftfeuchtigkeit und wirkt ausgleichend auf Lufttemperatur; Sommer kühl und die Winter mild; Seeklima ganzjährig feucht

Seismograf: Erdbebenmesser, der Richtung und Dauer des Bebens aufzeichnet

Seismogramm: Erdbebenkurve des ▶ Seismografen

Serir: Kieswüste

Standortfaktoren: Aus Gründen der Wirtschaftlichkeit muss für ein Unternehmen der günstigste Standort nach gewissen Faktoren ausgewählt werden. Dazu gehören z. B. die Leistungsfähigkeit der Verkehrs-, Informations- und Kommunikationsnetze, vorhandene Arbeitskräfte und Rohstoffe, Nähe zum Verbraucher und ein gutes Absatzgebiet; beeinflussen den Erfolg des Unternehmens und müssen deshalb sorgfältig bedacht werden

Starkniederschlag: Regen großer Intensität innerhalb kurzer Zeit

Steppe: (Wort geht auf die russische Sprache zurück) Baumlose Graslandschaft der gemäßigten Breiten; Winter meist kalt bis sehr kalt, Sommer trocken

Subduktion: Begriff der ▶ Plattentektonik, bei dem eine Platte unter der anderen abtaucht

Sukkulenten: Hauptsächlich in Trockenzonen vorkommende Pflanze mit besonderen Wasser speichernden Geweben in Wurzeln, Blättern oder Stamm

T

Taiga: Landschaftstyp bei borealem Klima mit langen, schneereichen kalten Wintern und kurzen, kühlen Sommern

Taifun: Tropischer Wirbelsturm in Asien

Tiefseerinnenbildung: Tiefseegräben als langgestreckte, rinnenförmige Einsenkung, die teilweise tektonische Gräben sind; siehe auch ▶ Mittelozeanische Rücken

Tornado: Wirbelsturm in Nordamerika

Tsunami: Meist durch ein Seebeben verursachte Meereswelle (oft mit verheerender Wirkung an den Küsten)

Tundra: Baumlose Vegetationszone der Polargebiete mit Moosen, Flechten, Grasfluren und Zwergsträuchern; Sommer kurz und kühl (6–10 °C), Winter lang und kalt (unter – 8 °C) mit einer Schneedecke bis zu 300 Tagen im Jahr; charakteristisch ist der Dauerfrostboden (Permafrost)

V

Vegetation: Gesamtheit der Pflanzen, die in einem bestimmten einheitlich geprägten Gebiet wachsen (z. B. die „Alpenvegetation"); ein ähnliches Wort ist das Englische *vegetable* (= Gemüse)

W

Welthandel: Unter Welthandel versteht man die Gesamtheit des Außenhandels aller Staaten der Erde. Alle Güter, die durch Ausfuhr bzw. Einfuhr Staatsgrenzen passieren, sind Bestandteil des Welthandels. Dieser umfasst aber neben dem reinen Warenverkehr auch den Dienstleistungs- und Kapitalverkehr.

Wendekreis: Die beiden Breitenkreise, über denen die Sonne einmal im Jahr zum Zeitpunkt der Sommersonnenwende senkrecht steht, bevor sie wieder in Richtung ▶ Äquator wandert; die Wendekreise liegen bei 23° 27' nördlicher und südlicher Breite; an den ▶ Wendekreisen der Erde befinden sich einige große Wüsten

Wirbelsturm: Stürme, die sich um eine senkrechte Achse drehen; abgesehen von dieser gemeinsamen Eigenschaft unterscheiden sich die Wirbelstürme der Erde je nach Großraum stark voneinander (ein ▶ Hurrikan z. B. kann nur entstehen, wo das Meerwasser über 26 Grad Celsius warm ist).

Wüste: Vegetationsarme oder vegetationslose Gebiete durch Trockenheit oder Wärme/Kälte

Z

Zenitalregen: Oberbegriff für starken Regen in den Tropen, der einsetzt, wenn die Sonne ihren Höchststand erreicht hat

Zenit: Senkrechter Stand der Sonne über einem Ort in den Tropen zur Mittagszeit

Zyklone: Gebiet mit niedrigem Luftdruck, das an der Polarfront entsteht und in unseren Breiten oft von West nach Ost zieht; dabei entstehen starke Niederschläge

Operatoren

Anforderungsbereich I

Operator	Beschreibung
beschreiben	Sachverhalte schlüssig wiedergeben
bezeichnen	Sachverhalte (insbesondere bei nichtlinearen Texten wie zum Beispiel Tabellen, Schaubildern, Diagrammen oder Karten) begrifflich präzise formulieren
nennen	Sachverhalte in knapper Form anführen

Anforderungsbereich II

Operator	Beschreibung
analysieren	Materialien oder Sachverhalte systematisch untersuchen und auswerten
begründen	Aussagen (zum Beispiel eine Behauptung, eine Position) durch Argumente stützen, die durch Beispiele oder andere Belege untermauert werden
charakterisieren	Sachverhalte mit ihren typischen Merkmalen und in ihren Grundzügen bestimmen
darstellen	Sachverhalte strukturiert und zusammenhängend verdeutlichen
ein-, zuordnen	Sachverhalte schlüssig in einen vorgegebenen Zusammenhang stellen
erklären	Sachverhalte schlüssig aus Kenntnissen in einen Zusammenhang stellen (zum Beispiel Theorie, Modell, Gesetz, Regel, Funktions-, Entwicklungs- und/oder Kausalzusammenhang)
erläutern	Sachverhalte mit Beispielen oder Belegen veranschaulichen
erstellen	Sachverhalte (insbesondere in grafischer Form) unter Verwendung fachsprachlicher Begriffe strukturiert aufzeigen
herausarbeiten	Sachverhalte unter bestimmten Gesichtspunkten aus vorgegebenem Material entnehmen, wiedergeben und/oder gegebenenfalls berechnen
vergleichen	Vergleichskriterien festlegen, Gemeinsamkeiten und Unterschiede gewichtend einander gegenüberstellen sowie ein Ergebnis formulieren

Anforderungsbereich III

Operator	Beschreibung
beurteilen	Aussagen, Vorschläge oder Maßnahmen untersuchen, die dabei zugrunde gelegten Kriterien benennen und ein begründetes Sachurteil formulieren
bewerten	Aussagen, Vorschläge oder Maßnahmen beurteilen, ein begründetes Werturteil formulieren und die dabei zugrunde gelegten Wertmaßstäbe offenlegen
entwickeln	zu einer vorgegebenen oder selbst entworfenen Problemstellung einen begründeten Lösungsvorschlag entwerfen
erörtern	zu einer vorgegebenen These oder Problemstellung durch Abwägen von Pro- und Kontra-Argumenten ein begründetes Ergebnis formulieren
gestalten	zu einer vorgegebenen oder selbst entworfenen Problemstellung ein Produkt rollen- beziehungsweise adressatenorientiert herstellen
überprüfen	Aussagen, Vorschläge oder Maßnahmen an Sachverhalten auf ihre sachliche Richtigkeit hin untersuchen und ein begründetes Ergebnis formulieren

Erläuterungen zu den Anforderungsbereichen I bis III

Anforderungsbereich I (Reproduktionsleistungen)
Wiedergeben und Beschreiben von Inhalten und Materialien

Anforderungsbereich II (Reorganisations- und Transferleistungen)
selbstständiges Erklären, Bearbeiten und Ordnen bekannter Sachverhalte sowie das angemessene Anwenden gelernter Inhalte und Methoden auf andere Sachverhalte

Anforderungsbereich III (Reflexion und Problemlösung)
reflexiver Umgang mit neuen Problemstellungen, eingesetzten Methoden und gewonnenen Erkenntnissen, um zu Begründungen, Urteilen und Handlungsoptionen zu gelangen

Die Anforderungsbereiche sind in ihrer wechselseitigen Abhängigkeit zu sehen, demzufolge schließt der Anforderungsbereich III die Anforderungsbereiche I und II, der Anforderungsbereich II den Anforderungsbereich I ein.

Bildquellennachweis

Cover: Corbis/© STRINGER/INDIA/Reuters/Corbis; 2 (2) © Francois Gohier/VWPics/Redux/laif; 2 (3) Wang mingming/Imaginechina/laif; 2 (5) picture alliance/Photoshot; 2 (4) Shutterstock/Frank Fiedler; 3 (1) Norbert Probst; 3 (2) TopicMedia Service © Jim West; 3 (4) Your_Photo_Today; 3 (3) action press/SOUTH WEST NEWS SERVICE; 3 (5) Corbis; 6 (2) Cornelsen/ Peter Wirtz, Dormagen; 6 (3) Martina Quill, Esslingen; 8 © Corbis; 9 LOBO Eric/Hoa-Qui/laif; 10 (1) Corbis/(c) George Steinmetz/Corbis; 10 (2) Corbis; 11 (4) DUTILLEUX JEAN-PIERRE/laif; 13 Cornelsen Verlag, Berlin; 13 Cornelsen Verlag, Berlin; 13 Cornelsen Verlag, Berlin; 13 Cornelsen Verlag, Berlin; 13 (1) Konrad Wothe/ LOOK-foto; 13 (2) Karl Johaentges/LOOK-foto; 13 (3) picture-alliance/DUMONT Bildar; 13 (4) Corbis; 14 Cornelsen Verlag, Berlin; 15 ob. Cornelsen/Rainer Götze, Berlin; 16 (2) Design Pics/LOOK-foto; 17 (3) Colourbox; 17 (4 a) © Bridgemanimages.com; 17 (4 b) Fotolia/Banana Republic; 17 (4 c) Konrad Wothe/LOOK-foto; 18 (1) Fotolia/(c) Desu Dekker; 18 (2) Cornelsen Verlag, Berlin; 19 (4) Fotolia/nicholashan; 20 (1) Corbis/(c) Dr Morley Read/Science Photo Library/Corbis; 20 (3) Cornelsen Verlag, Berlin; 21 (4) Fotolia/aussieanouk; 21 (5) Hans Wunderlich, Berlin; 22 (2) age fotostock/LOOK-foto; 22 (3 li.) Cornelsen Verlagsarchiv, Berlin; 22 (3 re.) Cornelsen Verlagsarchiv, Berlin; 23 (5 a) Cornelsen Verlagsarchiv, Berlin; 23 (5 b) Cornelsen Verlagsarchiv, Berlin; 24 Mi. re. Konrad Wothe/LOOK-foto; 24 (1) (c) Schapowalow; 24 (2) ddp images/ Picture Press; 25 (3) age fotostock/LOOK-foto; 25 (4) Peter Rayner/Axiom/ DesignPics/OKAPIA; 26 (2) und 27 (3) Partnerschaft Afrika e. V., Geesthacht; 28 (3) Franz-Josef Domke, Hannover; 28 (1 ob.) Your_Photo_Today; 28 (1 un.) picture alliance/dpa; 29 (3) Cornelsen Verlagsarchiv, Berlin; 29 (4) TOPICMedia Service/imageBROKER/Gary K Smith/FLPA; 30 (1) Glow Images/imagebroker.com; 30 (2) © Bridgemanimages.com; 30 (3) Glow Images/ imagebroker.com; 31 (4) Cornelsen/Wolfgang Mattern, Bochum; 32 (1) picture-alliance/dpa; 34 (1) F1online; 34 (2) Maskot/LOOK-foto; 35 (1) TerraVista/LOOK-foto; 36 (1) (2) (3) Wolfgang Mattern, Bochum; 37 Cornelsen Verlagsarchiv, Berlin; 37 (a) age fotostock/LOOK-foto; 37 (b) Stefan Eisend/LOOK; 37 (c) TerraVista/LOOK-foto; Auftakt 38 © Alberto GARCIA/REA/laif; 40 (1) Reuters (mecom); 40 (2) Reuters (mecom); 40 (3) Photoshot; 41 (5) WpN/Photoshot.; 43 (2) ddp images/ddp images; 44 (1) mauritius images; 44 (2) picture-alliance; 45 (3) © Corbis.; 45 (4) Wolfgang Mattern, Bochum; 45 (5) picture-alliance; 45 (6) Wolfgang Mattern, Bochum; 46 (1) Scheid W.-M.; 46 Scheid W.-M.; 47 (3) F1online; 48 (1) F1online; 48 (2) Corbis Germany/Jim Sugar Corbis; 49 (4) Cornelsen Verlagsarchiv, Berlin; 51 (komplett) Werne Westhoff; 52 (1 li.) 1980 John Marshall; 52 (1 re.) Copyright 1980 John Marshall; 53 (3) Sinopix/ laif; 54 (2) F1online; 54 (3) Glow Images/Imagebroker. com; 55 (4) Fotolia/© Paul E Williams 2013; 55 (5) imagebroker.com; 56 (1) 360° CREATIVE/ddp images; 56 (2) action press/MIN/Rex Featuresaction press; 57 (5) imago/sportfotodienst/imago; 58 (1) Fotolia/ Trueffelpix; 60 (2) blickwinkel/F. Neukirchen; 61 (1) Reuters (mecom); 62 (2) Corbis, Norbert Probst; 65 (3) akg-images/Schütze/Rodemann; 65 (4) action press/; Auftakt 66 euroluftbild.de/Alfons Rath; 67 un. re. (1) ddp images/ddp images; 67 un. re. (2) Alfred Ritter GmbH & Co. KG, Waldenbuch; 68 (2) © epd-bild/Matthias Knecht; 69 (3–5) Alfred Ritter GmbH & Co. KG, Waldenbuch; 69 (6) picture alliance/dpa; 69 (7) imageBROKER/vario images; 70 (1) picture-alliance/dpa-infografik; 71 (2) mauritius images/John Warburton-Lee/WatsonC; 71 (3) F1online; 71 (4) D. Rose/LADE-OKAPIA; 71 (5) Fotolia/Sascha Wilsrecht; 72 (1) Fotolia/EvrenKalinbacak; 73 (2) picture-alliance/dpa-infografik; 74 (1) picture-alliance/dpa-infografik; 74 (2) Shutterstock/Anton Balazh; 76 (1) picture-alliance/dpa-infografik; 77 (2) Colourbox; 77 (3) TOPICMedia Service; 77 (4) Paul Eckenroth/ JOKER/Süddeutsche Zeitung Photo; 78 (1) Fotolia/ Gabriele Rohde; 78 (2) Fotolia/Marina Lohrbach; 78 (3) Uwe Rogal, Berlin; 79 (4) Fotolia/www.ingo-bartussek.de; 80 (1) Cornelsen/Rainer Götze, Berlin; 80 (2) Cornelsen/Rainer Götze; 82 (1) Fotolia/doris oberfrank-list; 83 (1) Shutterstock/Kanok Sulaiman; 83 (2) mova/Justus de Cuveland; 84 (1) Your_Photo_Today; 84 (1 Schilder) ddp images; 84 (2) Erwin Wodicka/BilderBox.com; 85 (1) action press; 85 (2) PantherMedia/Salih Külcü; 85 (3) picture alliance/dieKLEINERT.de; 85 (4) SUPERBILD – YOUR PHOTO TODAY/Image N° 1295107 copyright protected BSIP; 86 (1) Your_Photo_Today; 86 (2) YourPhotoToday/PM; 87 (6) Initiative Pro Recyclingpapier c/o Nissen Consulting GmbH & Co. KG, Berlin; 88 (1) TransFair e. V. (Fairtrade Deutschland), Köln; 88 (2) Fotolia/Visions-AD; 89 (3) picture alliance/ Photoshot; 91 (2) Fotolia/www.ChristianSchwier.de; 91 (3) Alexander Figge, Recklinghausen; 92 ob. picture alliance/dpa; 92 Mi. Fotolia/Cara-Foto; 92 un. Shutterstock/NataLT; 93 (3) Dieter Stade, Hemmingen; Auftakt 94 imageBROKER/John Pulsipher; 96 (1) TOPICMedia Service/imageBROKER/Jim West; 97 (4) Cornelsen Verlagsarchiv, Berlin; 97 (5) dpa/picture alliance/ Photoshot; 98 (1) A1PIX – YOUR PHOTO TODAY; 98 (2) Wang mingming/Imaginechina/laif; 98 (3) action press/SOUTH WEST NEWS SERVICE; 99 (4) F1online; 99 (5) SUPERBILD – YOUR PHOTO TODAY; 99 (6) ddp images; 100 (1) Cornelsen/Oliver Hauptstock; 101 (2) ob. li. Fotolia/rupbilder; 101 (2) un. li. Colourbox; 101 (3) ob. re. Shutterstock/Alinute Silzeviciute; 101 (3) un. re. Fotolia/BillionPhotos.com; 103 ob. picture alliance/Heritage Imag; 103 (3) picture alliance/ Bianchetti/Le; 104 (1) Shutterstock/Frank Fiedler; 104 (2) picture alliance/SZ Photo; 107 (2) picture alliance/ dpa; 107 (3) YourPhotoToday/PM; 107 (4) picture alliance/AP Photo; 107 (5) picture-alliance/dpa; 108 (1) © LA PHOTOTHEQUE SGM; 109 (2) Uwe Rogal, Berlin; 110 (1) World Wind, NASA; 111 (2) F1online; 112 (1) interTOPICS; 114 (2) Fotolia/franck camhi/ snaptitude; 115 (4) Corbis/(c) Dr Morley Read/Science Photo Library/Corbis; 117 (2) imagebroker.com; 117 (3) F1online; 118 (1) ddp images; 118 (2) REUTERS/ China Daily; 118 (3) ddp images; 119 (1) picture alliance/

dpa; 120 (1) Corbis/(c) M. Scott Brauer/Demotix/Corbis; 120 (2) © Bridgemanimages.com; 122 ob. Foto 2013 von www.ChristianSchwier.de; 122 Mi. Fotolia/adoc-photos 122 un. Clip Dealer/Karl-Heinz Spremberg; 123 (2) Corbis/(c) Science Photo Library/Corbis; 124 un. Peter Wirtz, Dormagen (Wdh. von S. 6); 125 un. Dieter Stade, Hemmingen (Wdh. von S. 64); 126 un. Fotolia/Trueffelpix (Wdh. von S. 58)

Grafiken/Illustrationen/Karten:
Cornelsen/Peter Kast, Wismar: Vorsatzseiten (vorderes Vorsatzblatt, hinteres Vorsatzblatt); 12 (1), 16 (1); Cornelsen/Wolfgang Mattern, Bochum: 22 (1), 33 (1), 35 (2), 36 (1–3), 41, 45 (6), 53 (3), 64 ob., 81 (4), 113 (3), 113 (4), 113 (5); Cornelsen/Franz-Josef Domke, Hannover: 11 (3), 102 (1), 102 (2); Cornelsen/Carlos Borrell Eiköter, Berlin: 19 (3), 23 (4), 26 (1), 32 (2), 34 (3), 42 (1), 68 (1), 106 (1), 114 (1); Cornelsen/Dieter Stade, Hemmingen: 6, 48 (3), 49 (5), 50, 52, 57 (4), 59, 61 (2), 62 (1), 64 (2), 64 (3), 65 (2), 75 (3), 81 (3), 82 (2), 86 (3), 87 (4), 87 (5), 90, 93 (2), 105 (4), 105 (5), 112 (2), 114 (3), 115 (5), 116 (1), 121 (1), 123 (3); Cornelsen/Hans Wunderlich, Berlin: 46 (2), 54 (1), 60 (1), 63, 65 (1); Cornelsen Schulverlage/Karin Mall, Berlin: 105 (3)

Projektleitung: Dr. Uwe Andrae
Redaktion: Sylvia Jakuscheit, Terezia Petö
Grafik: Franz-Josef Domke, Hannover; Dieter Stade, Hemmingen; Karin Mall, Berlin; Wolfgang Mattern, Bochum; Hans Wunderlich, Berlin
Karten: Carlos Borrell, Berlin; Dr. Volkhard Binder, Telgte; Peter Kast, Wismar
Bildassistenz: Franziska Becker, Christina Sandig
Webcodes: Patrick Lenz
Layoutkonzept: Ulrike Kuhr; Corinna Babylon, Berlin auf Basis eines Entwurfs von Buchgestaltung+, Berlin
Umschlaggestaltung: Rosendahl Berlin
Technische Umsetzung: Uwe Rogal, Berlin

www.cornelsen.de

1. Auflage, 1. Druck 2016

Alle Drucke dieser Auflage sind inhaltlich unverändert und können im Unterricht nebeneinander verwendet werden.

Druck: Mohn Media Mohndruck, Gütersloh

ISBN 978-3-06-065247-1

PEFC/04-31-1033

PEFC zertifiziert
Dieses Produkt stammt aus nachhaltig bewirtschafteten Wäldern und kontrollierten Quellen.

www.pefc.de

Karte, Industrie in Baden-Württemberg

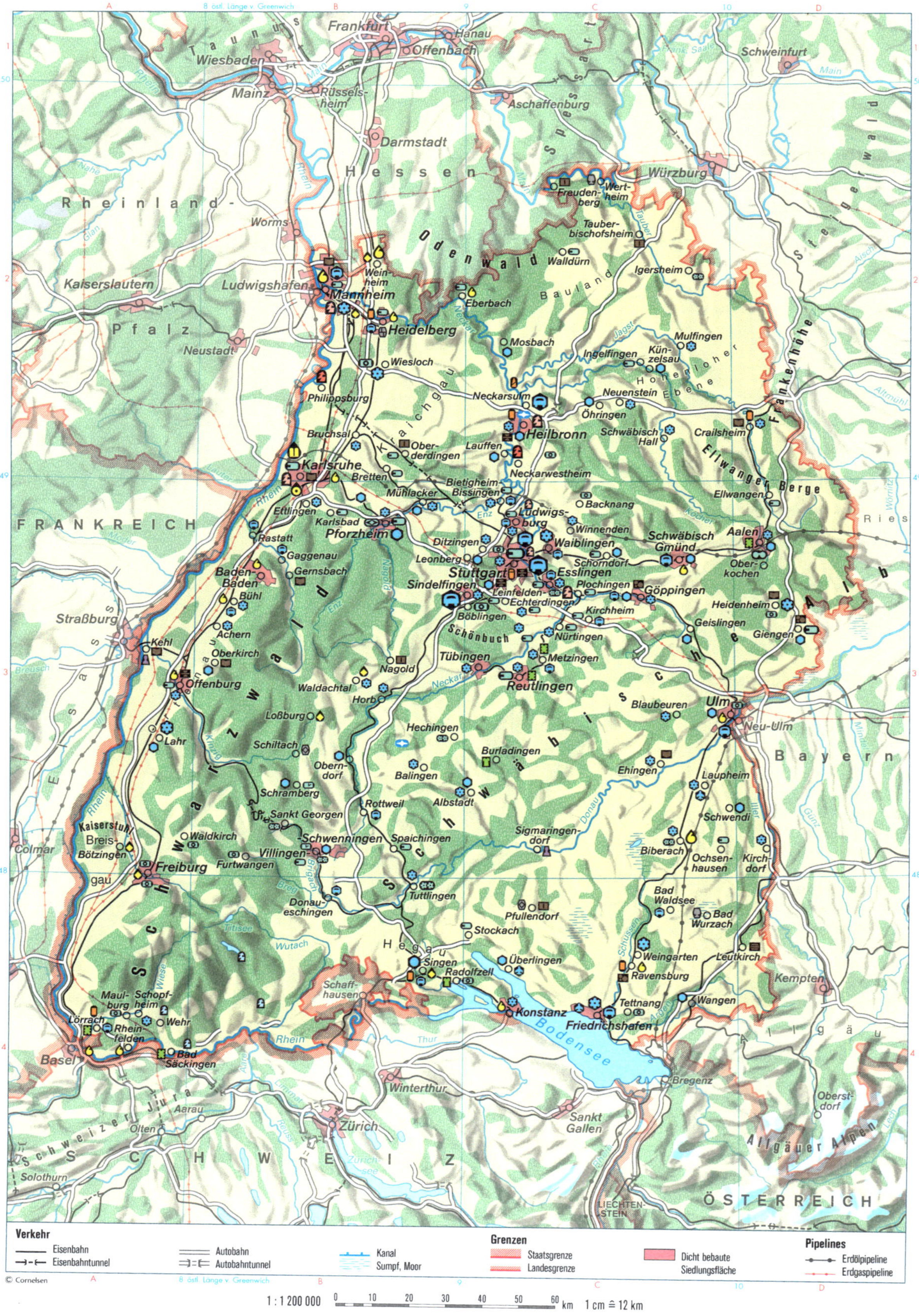

Der Textknacker

Beim Lesen und Verstehen von Texten hilft der Textknacker.

1. Schritt: Vor dem Lesen

Bilder beim Text helfen mir, den Text besser zu verstehen.
Die Überschrift sagt mir etwas über den Inhalt des Textes.

- Ich sehe mir die Bilder an.
- Ich lese die Überschrift.

Worum konnte es in dem Text gehen?

2. Schritt: Das erste Lesen

Ein Text hat Absätze. Was in einem Absatz steht, gehört zusammen.
Die Schlüsselwörter im Text sind besonders wichtig.
Einige Wörter werden unter dem Text erklärt.

- Ich zähle die Absätze.
- Ich lese die hervorgehobenen Schlüsselwörter.
- Ich lese die Worterklärungen.

Was weiß ich jetzt?

3. Schritt: Den Text genau lesen

Erst der ganze Text sagt mir, worum es geht.
Ich lese den ganzen Text – Absatz für Absatz.

Was habe ich erfahren?

4. Schritt: Nach dem Lesen

Ich habe den ganzen Text gelesen.

- Ich schreibe zu jedem Absatz etwas auf.
- Ich schreibe die wesentlichen Informationen auf.
- Ich schreibe auf, was für mich wichtig ist.